博雅

Liberal Arts

文质彬彬　然后君子

博雅经典

牡丹谱

宋/欧阳修 等著

王宗堂 注评

中州古籍出版社
·郑州·

图书在版编目(CIP)数据

牡丹谱/(宋)欧阳修等著；王宗堂注评. —郑州：
中州古籍出版社，2016.3(2020.10重印)
　(博雅经典)
　ISBN 978-7-5348-5671-6

Ⅰ．①牡… Ⅱ．①欧… ②王… Ⅲ．①牡丹－文
化研究－中国 Ⅳ．①S685.11

中国版本图书馆CIP数据核字(2015)第247023号

责任编辑　梁瑞霞
　　　　　　侯　琼
责任校对　岳秀霞
装帧设计　曾晶晶

出版发行　中 州 古 籍 出 版 社
　　　　　地址：郑州市郑东新区祥盛街27号6层
　　　　　邮编：450016　电话：0371-65788693
经　　销　河南省新华书店
印　　刷　河南大美印刷有限公司
开　　本　16开（640毫米×960毫米）
印　　张　15.5印张
字　　数　230千字
印　　数　3 001-5 000册
版　　次　2016年3月第1版
印　　次　2020年10月第2次印刷
定　　价　38.00元

本书如有印装质量问题，由承印厂负责调换。

目　录

导　读 ………………………………………………… 1

凡　例 ………………………………………………… 29

洛阳牡丹记 ……………………… 〔宋〕欧阳修著 31

　花品叙第一 ………………………………………… 34

　花释名第二 ………………………………………… 42

　风俗记第三 ………………………………………… 53

洛阳花木记·牡丹记 …………… 〔宋〕周师厚著 65

　序 …………………………………………………… 69

　牡　丹 ……………………………………………… 73

　叙牡丹 ……………………………………………… 76

　接栽种管牡丹之法 ………………………………… 99

　附录：《范尚书牡丹谱》撰者考略 …………… 111

陈州牡丹记 ……………………… 〔宋〕张邦基著 115

　附录：《陈州牡丹记》后段文字非张邦基作 …… 125

天彭牡丹谱 ……………………… 〔宋〕陆游著 129

　花品序第一 ………………………………………… 132

　花释名第二 ………………………………………… 135

　风俗记第三 ………………………………………… 147

亳州牡丹史（节） ·············· 〔明〕薛凤翔著　155

　牡丹表一·花之品 ·························· 158

　牡丹八书 ································· 164

曹州牡丹谱 ·············· 〔清〕余鹏年著　183

　序 ···································· 186

　自　序 ································· 189

　花正色计三十四种 ····················· 195

　花间色计二十二种 ····················· 208

　附记七则 ····························· 219

　附录一：说"魏紫" ··················· 234

　附录二：关于《冀王宫花品》 ·········· 236

后　记 ································ 240

导　读

　　花卉是大地灿烂的笑靥，是自然赐给人类的艺术品，是造物让有香有色的生命给世人曼舞《霓裳》。所以，人们都钟爱花卉，古今中外，莫不如是。

　　中国是世界著名的花卉宝库，已知有花植物约 2.5 万种，素有"世界园林之母"的美誉。中国也是世界上最早栽培花卉的国家之一，是世界多种名贵花卉的起源地。在名花荟萃的中国花卉大家族中，牡丹以其花大、色妍、香浓、韵丰、型美、姿丽、品位高雅、历史悠久、品种众多、种植面广而居众花之首，总领群芳，被尊称为"花中之王"。

　　牡丹初无名，与芍药混称。早在对远古山川等进行描述的《山海经》里就有"其草多芍药"的记载。《诗经·郑风·溱洧》："维士与女，伊其相谑，赠之以勺（芍）药。"诗里青年男女相赠的芍药，即先秦时的牡丹。牡丹与芍药枝叶、花形相似，一为木本，一为草本，故牡丹初有"木芍药"之称，此名一直沿用到唐代。直到秦汉时，牡丹始从芍药中分出，我们从甘肃出土的东汉早期医简实物上，已经看到"牡丹"之名了。

　　我国不仅有栽培花卉的悠久历史，更有品花、志花、咏花、颂花的优良传统。花卉既倾其所有把它最真最美的一面毫不吝啬地展现给世人，世人也真诚地把美好的语言文字奉献给大自然的至美，托物言志，感物抒怀，借咏花寄托美好的理想和高尚情操。屈原咏兰，陶潜吟菊，刘禹锡歌牡丹，林和靖赞梅，周敦颐爱莲……我们的前贤先哲为花卉吟诗、著文、作赋、绘画、修史、志谱、立传、撰记，达到人与自然的和谐永恒。花卉名作、花卉名画、花卉经典，代有所出，绵延不绝，积淀为内涵丰富、源远流长的花文化。而在我国丰厚浩瀚的花文化中，牡丹文化尤为丰富多彩，熠熠生辉。

我国的牡丹文化大体可分为两类：一是历代以咏赞牡丹为主题的诗、词、文、赋、小说、戏剧、音乐、绘画、摄影、书法及各类工艺美术品等，可统称为牡丹文艺，这方面的著述和作品，洋洋大观，古今很多，不再论列；二是历代记载牡丹的品种分类、源流发展、变异驯化，及为牡丹的栽培技艺修史、志谱、总结经验、载记著录的各种文献，可统称为牡丹科技文化，属于中国古代科学技术（生物学）范畴。本书的撰写属于后者。

我国古代的图书分类，自《隋书·经籍志》定名经、史、子、集四部后，一直到清代都世代相因。《隋书·经籍志》的"史部"又细分成十三类，其中专辟"谱系"一类，在主叙历代帝系大姓的谱录，记其所承外，还出现了记物的《竹谱》、《钱谱》、《钱图》等谱书，而记牡丹的谱录是从北宋时才开始的。但现在出版的牡丹著作在叙述牡丹的发展历史时，常常引用唐人柳宗元《龙城录》、韩偓《海山记》中有关牡丹的纪事作根据，而这两部所谓唐人著作，都是宋人假托唐人之名的伪作，宋人早已指出其作伪手段。张邦基在《墨庄漫录》卷二中说："近时传一书，曰《龙城录》，云柳子厚所作，非也。乃王铚性之伪为之。其梅花鬼事，盖迁就东坡诗'月黑林间逢缟袂'及'月落参横'之句耳。又作《云仙杂录》，尤为怪诞，殊误后之学者。又有李歜注杜甫诗及注东坡诗事，皆王性之一手，殊可骇笑，有识者当自知之。"至于误题为唐人韩偓的传奇小说《海山记》，最早见于北宋人刘斧编著的《青琐高议》中，作者不详，或亦为北宋人杜撰。唐人段成式在其《酉阳杂俎》卷十九《牡丹》中说："成式检隋朝《种植法》七十卷中，初不记说牡丹，则知隋朝花药中所无也。"欧阳修《洛阳牡丹记》也说："自唐则天已后，洛阳牡丹始盛，然未闻有以名著者。如沈、宋、元、白之流，皆善咏花草，计有若今之异者，彼必形于篇咏，而寂无传焉。"可《海山记》却说早在隋炀帝时，偏僻的易州已向其进20箱牡丹，不是野生山牡丹，都是园艺牡丹，其中不乏千叶，且有"鞓红"、"袁家红"、"软条黄"、"延安红"、"颤风娇"等名字，真令人匪夷所思。从文献分类学看，上述二书都归"小说家类"。小说家言，荒诞不经，只可当作传闻，不宜用来作牡丹生物学编修信史的科学依据。张邦基"殊误后之学者"，"有识者当自知之"的告诫是应记取的。

隋唐以来，随着牡丹由山野进入都市，由民间进入皇家园林，栽培范围日益扩大，品种逐渐增多，变异愈加丰富，牡丹与人的关系日趋密切，关注牡丹之作也更趋多样化，专题研究牡丹的谱录到北宋遂大盛起来。古代作家、花木家们通过稽考典籍，深入园圃，耳闻目验，甚至亲身莳花实践，积累了丰富经验而形诸文字。这些著述对我国牡丹的起源、分布、传播、发展、花品分类、名色特征、繁殖栽培技术、遗传变异规律、品种优化提高等，都有系统梳理和总结，形成了自己的理论学说，在牡丹生物学方面位居世界前列，为世界科技文明作出了重要贡献。整理研究这些弥足珍贵的文献资源，对开发利用牡丹文化产业有重要意义。我应中州古籍出版社之约，编著了这本《牡丹谱》。本书对有宋以来的牡丹谱录按时序作了一番简要梳理，并选择了几部具有代表性的牡丹谱进行校勘、注译和点评，为牡丹学的学术研究，传承、弘扬牡丹文化，推进新兴牡丹产业的发展，略尽绵薄之力。

《越中牡丹花品》（佚）
〔宋〕释仲休撰

此谱书名、卷数、撰者记载不一。《崇文总目》小说类有僧仲休

《花品》一卷；《通志·艺文略》食货类种艺门有《花品》、《牡丹花品》各一卷，皆题僧仲林；陈振孙《直斋书录解题》农家类有僧仲休《越中牡丹花品》二卷；《宋史·艺文志》农家类有僧仲林《花品记》、小说家类有僧仲林《花品》各一卷；薛凤翔《亳州牡丹史》则称僧仲殊作《越州牡丹志》。僧仲殊，史有其人，且与苏轼交厚。《直斋书录解题》引《越中牡丹花品·序》云："越之所好尚惟牡丹，其绝丽者三十二种。始乎郡斋豪家名族，梵宇道宫，池台水榭，植之无间。来赏花者，不问亲疏，谓之看花局。泽国此月多有轻云微雨，谓之养花天。里语曰：弹琴种花，陪酒陪歌。丙戌岁八月十五日移花日，序。""丙戌"为宋太宗雍熙三年（986）。是知在北宋初年我国东南浙江绍兴一带遍植牡丹，绝丽者已达 32 种的繁盛情况和养花、赏花、崇尚牡丹的民风民俗。是谱当是我国牡丹谱录专著的奠基之作。但其作者恐非与苏轼交往甚密的僧人仲殊。苏轼熙宁四年（1071）通判杭州时结识仲殊。仲殊（？—1104），俗姓张，名挥，安州（今湖北安陆）人，尝举进士，后弃家为僧，居苏州承天寺、杭州宝月寺。有《宝月集》七卷，不传。今有赵万里辑本，《全宋词》存词 46 首。仲殊雍熙三年撰成《越中牡丹花品》时即以 20 岁计，到熙宁四年已是百岁以上的老人了，史称徽宗崇宁三年（1104）仲殊自缢而死，算起来已近 140 岁，苏轼已病故，故著《越中牡丹花品》者，不应是与苏轼交厚的僧仲殊而当为另一人，或即法号仲休、仲林者。

《冀王宫花品》一卷（佚）
〔宋〕撰者不详

陈振孙《直斋书录解题》农家类："题景祐元年，沧州观察使记。以五十种分为三等九品，而潜溪绯、平头紫居正一品，姚黄反居其次，不可晓也。"《文献通考·经籍考》、《宋史·艺文志》、《中国农学书录》等并有著录。薛凤翔《亳州牡丹史》卷三《花考》引吴曾《复斋录》亦云:"《冀王宫花品》以五十种分为三等九品,潜溪绯、平头紫居正一品,姚黄居其下。景祐元年观察使记。"与陈《录》基本相同。

按:《冀王宫花品》当是根据"冀王"宫苑中的牡丹品种撰写的,撰者不详。"以五十种分为三等九品"云云应是"沧州观察使"记《花品》中语。因此,弄清《冀王宫花品》须知"冀王"、"沧州观察使"是谁。笔者检索《宋史》、《东都事略》等史籍,知冀王为宋太宗赵炅第四子、真宗赵恒之弟赵元份,初名德严,太平兴国八年(983)改名元俊,拜同平章事,封冀王;沧州观察使为张纶,字公信,颍州汝阴人,曾两知沧州。因景祐元年(1034)正是欧阳修《洛阳牡丹记》成书之年。欧《记》初出,张纶就比较两书并记下《冀王宫花品》与欧《记》的不同,从而可知《花品》成书早于欧《记》;两书记"花"的方法和对"花"的审美情趣不同(如对"姚黄"的品评),也说明在北宋初期中原牡丹品种群大盛之前,北方地区的冀王宫苑里,已荟萃全国人工栽培的园艺牡丹名品,曾有过短暂的辉煌。《冀王宫花品》对研究我国牡丹发展史和牡丹谱牒史有重要意义。(详见本书余鹏年《曹州牡丹谱》附录二:关于《冀王宫花品》)

范尚书牡丹谱(佚)

〔宋〕佚名撰

王毓瑚《中国农学书录》云:"宋周师厚《洛阳花木记·自序》说:'博求谱录,得李卫公《平泉花木记》,范尚书、欧阳参政二谱。……范公所述者五十二品,可考者才三十八。'据此得知欧谱之前,还有此书,只是流传不广,所以宋代各家书目都没有著录。所谓范尚书,也不知为谁?"遂成中国牡丹文化史上的千古之谜。

笔者不顾浅陋,根据有关史料及曾读过此《谱》的南宋诗人李龙高所作《读范谱》一诗，考证"范尚书"当为范仲淹（989—1052），其皇祐四年病故，被仁宗追赠兵部尚书。但该《谱》似名为《范尚书宅牡丹谱》，成书在范仲淹生前，撰者已佚名。该《谱》收录西京（洛阳）范尚书宅牡丹52品，但到元丰五年（1082）周师厚读《范谱》时，"可考者才三十八"。详见本书周师厚《洛阳花木记·牡丹记》附录：《范尚书牡丹谱》撰者考略。

《洛阳牡丹记》一卷（存）
〔宋〕欧阳修撰

欧《记》成书于仁宗景祐元年（1034）。是《记》不仅是流传至今的我国第一部真正意义上的牡丹专谱，也是世界上第一部研究牡丹的专著，对世界科技文明、花木学作出了重要贡献。它是我国牡丹谱的开山之作、经典之作，史书多有著录，流传极广，影响深远，被后世为牡丹修谱者奉为圭臬。本书已作重点介绍，此处从略。

《河南志·牡丹》（佚）
〔宋〕宋次道撰

此《志》关于牡丹的记述不见著录，仅见宋人朱弁《曲洧旧闻》卷四记载："欧公作《花品》，目所经见者才二十四种。……宋次道《河南志》于欧公《花品》后，又增二十余名。"是知宋《志》是欧《记》的增补，品种增加近一倍，但花品名目已不可知。

按：宋次道即宋敏求（1019—1079），字次道，赵州平棘（今河北赵县）人。官至史馆修撰，累迁龙图阁直学士。精于史地之学。编、著有《唐大诏令集》、《春明退朝录》、《长安志》等。其所著《河南志》，久佚。中华书局出版有清人徐松从《永乐大典》抄辑的宋敏求《河南志》一册，不分卷，但有学者认为徐氏所辑非宋氏《河南志》旧帙，而是元人所撰的《河南志》。经查，中华书局本《河南志》中未见有宋次道增补欧公《花品》之记载。

《洛阳贵尚录》一卷（佚）
〔宋〕丘濬撰

陈振孙《直斋书录解题》农家类："《洛阳贵尚录》一卷，殿中丞新安丘濬道源撰。专为牡丹作也。其书援引该博而迂怪不经。濬，天圣五年进士，通数知未来，寿八十一，及殓衣空，人以为尸解。《新安志》云尔。"是知陈氏曾目验此书。《宋史·艺文志》卷五则称"丘濬《洛阳贵尚录》十卷"。不知编纂《宋史·艺文志》的明人曾目验此书否？卷数与陈《录》差别何以如此之大？《四库全书总目提要》说："厉鹗《宋诗纪事》称濬有《洛阳贵尚录》，今未见。"

《牡丹荣辱志》一卷（存）
〔宋〕丘濬撰

明徐𤊻《红雨楼书目》，晁瑮、晁东吴《晁氏宝文堂书目》，《明史·艺文志》等皆著录。《四库全书总目提要》子部小说家类存目二："《牡丹荣辱志》一卷，旧本题宋丘璿撰。考宋丘璿，字道源，黟县人。天圣五年进士，官至殿中丞。邵博《闻见后录》记当时有丘濬者。……此本亦题曰'字道源'，盖即其人。而名乃作'璿'，殆传写误欤！……此书亦品题牡丹，以姚黄为王，魏紫为妃，而以诸花各分等级役属之，又一一详其宜忌。其体略如李商隐《杂纂》，非论花品，亦非种植。入之'农家'为不伦，今附之'小说家'焉。"此书共记牡丹 39 种，著录多，版本亦多，流传很广，但如《四库全书总目提要》所评："非论花品，亦非种植。入之'农家'为不伦。"列入"小说家类"，不当以花谱视之。

《庆历花谱》(佚)

〔宋〕张峋撰

此谱有称《花谱》、《洛阳花谱》者，卷数或云二卷或云三卷，撰人有称张峋者。尤袤《遂初堂书目》谱录类作《庆历花谱》。陈振孙《直斋书录解题》农家类："《花谱》二卷，荥阳张峋子坚撰。以花有千叶、多叶，黄、红、紫、白之别，类以为谱，凡千叶五十八品，多叶六十二品，又以芍药附其末。峋与其弟岷子望同登进士第。岷尝从邵康节学。"朱弁《曲洧旧闻》卷四："张峋或云为留台，字子坚。撰谱三卷，凡一百一十九品，皆叙其颜色容状及所以得名之因。又访于老圃，得种接养护之法，各载于图后，最为详备。韩玉汝为序之而传于世。"《通志·艺文略》、《文献通考·经籍考》、《宋史·艺文志》等著录："《洛阳花谱》三卷，宋张峋。"此谱是欧《记》问世十几年后出现的又一重要花谱：第一，花品从欧《记》中的 24 品激增至 119 品，俱为千叶或多叶，单叶已被淘汰。第二，作者不仅耳闻目验，"又访于老圃，得种接养护之法，各载于图后，最为详备"，开我国牡丹谱以图配文、文图对照之先河。此种罕见的雕版牡丹图，标志着我国刊刻雕印技术在当时居世界之先。史载庆历二年（1042）欧阳修收到友人寄的洛阳牡丹花品图，极有可能就是张峋寄的《庆历花谱》，从而写下牡丹史上的经典之作《洛阳牡丹图》诗。欧诗云："客言近岁花特异，往往变出呈新枝。洛人惊夸立名字，买种不复论家赀。""四十年间花百变"，"今花虽新我未识"。"鞓红鹤翎岂不美，敛色如避新来姬。何况远说苏与贺，有类异世夸嫱施。""争新斗丽若不已，更后百载知何为。"因此，欧《诗》又可视为张《谱》的注脚。第三，此谱不是张峋自序，而是请"韩玉汝为序之"，也是创举，开后世薛凤翔《亳州牡丹史》、余鹏年《曹州牡丹谱》诸谱请人为序的先例。惜此谱明代已佚，此后不见著录。

《吴中花品》（佚）

〔宋〕李英撰

此谱又称《庆历花品》，撰人又作"李述"。

陈振孙《直斋书录解题》农家类："庆历乙酉（1045）赵郡李英述，皆出洛阳花品之外者，以今日吴中论之，虽曰植花，未能如承平之盛也。"吴曾《能改斋漫录》卷十五《方物·牡丹谱》："欧阳文忠公初官洛阳，遂谱牡丹。其后赵郡李述（按：是否将陈《录》所称"李英述"误作"李述"？志疑俟考），著《庆历花品》，以叙吴中之盛，凡四十二品。"《文献通考·经籍考》农家类、明《世善堂藏书目录》等亦著录。此《花品》与张峋《庆历花谱》同时，但记述的是中原牡丹品种群之外吴中牡丹品种群的花谱。可贵的是吴曾《能改斋漫录》卷十五还具体列出 42 品花名。其中"朱红品"有真正红、红鞍子、端正好等 25 品；"淡红品"有红粉淡、端正淡、富烂淡等 17 品。从中可知吴中只有红色花，以花色浓、淡分类，不如洛花有黄、红、紫、白之别，以千叶、多叶分类，其命名方法也不同。

《牡丹记》十卷（佚）

〔宋〕沈立撰

此谱不见著录。沈立，字立之，历阳（今安徽和县）人。天圣八年（1030）进士，北宋水利家、花木家，曾职掌河渠、津梁、堤堰等事务，著《河防通议》、《都水记》、《名山记》、《茶法要览》、《海棠记》、《香谱》等书，《宋史》有传。熙宁三年（1070）十二月以谏议大夫知越州移知杭州，五年五月罢任，时苏轼为其通判。其《牡丹记》写成于知杭州时。熙宁五年三月二十三日，沈立偕苏轼游杭州吉祥寺赏牡丹，次日出所著《牡丹记》十卷嘱苏轼撰叙。可惜沈立《牡丹记》早佚，而苏轼《牡丹记叙》幸存。赖苏《叙》，知沈立"凡牡丹之见于传记与栽植、培养、剥治之方，古今咏歌诗赋，下至怪奇小说皆在"《记》中。"此书之精究博备"，当是北宋时期记载我国东南地区牡丹最全面最丰富的一部花谱。明代薛凤翔著《亳州牡丹史》的方法，似受沈《记》的影响。苏轼称赞沈立"公家书三万卷，博览强记，遇事成书，非独牡丹也"。苏《叙》在《苏轼文集》第十卷中。

《洛阳花木记·牡丹记》一卷（存）

〔宋〕周师厚撰

《洛阳花木记》在《秘书省续编到四库阙书目》、《宋史·艺文志》、《明史·艺文志》等书中皆著录，但撰人误题为"周序"。其正文《叙牡丹》部分被陶珽冠以鄞江周氏《洛阳牡丹记》之名，《花木记》部分仍以鄞江周氏《洛阳花木记》之名，分别收在清顺治年间宛委山堂本《说郛》卷一百四，首次刊刻面世。此为清以后误传周师厚曾撰《洛阳牡丹记》、《洛阳花木记》的由来，并为《中国农学书录》、《中国丛书综录》、《中国牡丹全书》等著录。周氏《洛阳花木记》全文于民国十六年（1927）在涵芬楼本《说郛》卷二十六排印出版，但撰人被陶宗仪误题为"周叙"。周师厚《洛阳花木记》中的《叙牡丹》即旧传《洛阳牡丹记》，不仅是欧《记》的增补，更是欧《记》的重大发展，且后来者居上，与欧《记》堪称北宋牡丹谱的双璧，赖欧

《记》、周《记》才能看出北宋时期中原牡丹品种群的发展轨迹及辉煌全貌，俱为我国花木史上的宝贵文献。关于周师厚其人及其《洛阳花木记·牡丹记》，详见本书正文。

《陈州牡丹记》、《洛中花品》（存）

〔宋〕张邦基撰

上述二篇都不是牡丹专谱，而是张邦基根据见闻记下的两则有关牡丹的纪事，分别记录在他的专著《墨庄漫录》卷九、卷二中。明末清初人陶珽在重编陶宗仪《说郛》时，把原一百卷本增补为一百二十卷本。他把张邦基关于陈州牛氏"缕金黄"牡丹一则纪事从《墨庄漫录》中摘出，冠以《陈州牡丹记》之名收入到他重编的《说郛》（宛委山堂本）卷一百四，于清初顺治年间刊出，后人遂误以为《陈州牡丹记》是张氏所撰牡丹专谱，并被辗转出版。《河南通志·艺文志》、《中国农学书录》、《中国丛书综录》、《中国花经》、《中国牡丹全书·牡丹文献索引》等皆著录。关于张邦基其人和陈州牛氏"缕金黄"牡丹纪事的文献意义，详见本书正文。张氏《墨庄漫录》卷二另则牡丹纪事摘录如下："洛中花工，宣和中，以药壅培于白牡丹，如玉千叶、一百五、玉楼春等根下。次年，花作浅碧色，号欧家碧，岁贡禁府，价在姚黄上。尝赐近臣，外廷所未识也。"此当为陆游《天彭牡丹谱》中蜀花"欧碧"之祖。

《江都牡丹记》一卷（佚）

〔宋〕佚名撰

初见《秘书省续编到四库阙书目》，《宋史·艺文志》据以著录。

因《秘书省续编到四库阙书目》为宋绍兴间（1131—1162）官修书目，故是《记》当为南宋初高宗绍兴时或绍兴前江都（今江苏扬州市）一带的牡丹专谱。

《天彭牡丹谱》一卷（存）

〔宋〕陆游撰

《宋史·艺文志》、徐氏《红雨楼书目》、《晁氏宝文堂书目》、《续文献通考·经籍考》皆著录。是《谱》为南宋爱国主义诗人陆游淳熙间于成都居官时，为天彭（今四川彭州）牡丹撰写的专谱，成书于淳熙五年（1178）。记述了天彭牡丹的栽培发展史及分布情况，对65个牡丹品种按花色分类次第，并把天彭特有的34个品种的名称、由来、花色、形态详为描述，还记载天彭人诸多爱花、养花、赏花的习俗。该《谱》初收入作者《渭南文集》，后有《百川学海》、《山居杂志》、《说郛》、《云自在龛丛书》、《四库全书》、《四部丛刊》等多种刻本、印本，流传很广，是研究我国西南牡丹品种群的重要文献。详见本书正文。

《牡丹谱》一卷（存）

〔宋〕胡元质撰

胡元质，字长定，长洲（今江苏苏州一带）人。孝宗时进士，光宗时任秘书省正字。是《谱》记述五代十国时的蜀地成都、彭州牡丹从无到有，从有到盛，从皇家御苑栽植观赏，到民间花户栽培求利，从北宋宋祁帅蜀作赋到南宋范成大帅蜀吟诗的发展演化，以及蜀地牡丹兴盛的原因：彭州土壤既得燥湿之中，加上土人种莳得法。花户不仅用优质种子播种繁殖，更善用单叶"川花"和千叶"京花"嫁接繁殖，宋时已出现花开七百叶、面可径尺以上的名品牡丹，使官蜀的洛阳人发出"自离洛阳今始见花尔"的感叹。是《谱》可以看作成都、彭州牡丹的发展简史，故有题《成都牡丹谱》或《成都牡丹记》者，可以和陆《谱》参互并读，有相得益彰之效。

《彭门花谱》一卷（佚）
〔宋〕任玮撰

《宋史·艺文志》农家类著录。作者任玮生平不详。彭门指彭门山，亦称天彭门，在彭州境。是《谱》内容失传。

《牡丹芍药花品》七卷（佚）
〔宋〕佚名编

《直斋书录解题》农家类："《牡丹芍药花品》七卷，不著姓氏。录欧公及仲休等诸家《牡丹谱》、孔常甫《芍药谱》，共为一编。"当是一部花谱汇编。

《浙花谱》（佚）
〔宋〕史正志撰

是《谱》不见著录，仅见明代著名学者焦竑（1540—1620）为薛凤翔《亳州牡丹史》撰《序》云："（牡丹）宋时洛阳最有名，欧公所记才三十四（按：应为二十四）种，丘道源三十九种，陆务观谱蜀花，史正志谱浙花……可谓盛矣。"是知史《谱》明时尚存。史正志，字志道，江都（今江苏扬州市）人。绍兴进士，曾任枢密院编修，后归老姑苏，著《建康志》、《史氏菊谱》等。史《谱》与《越中牡丹花品》、《吴中花品》、《牡丹记》、《江都牡丹记》等同属江南牡丹品种群谱系。

《全芳备祖·牡丹》（存）

〔宋〕陈咏撰

是书是我国最早的专辑植物资料的类书，是宋代花谱类著作的集大成者。因其"独于花果草木，尤全且备"，故曰"全芳"；"涉及每一植物的事实、赋咏、乐府，必稽其始"，故曰"备祖"。全书分前、后两集，前集为花部，计二十七卷，牡丹在卷二，著录植物110余种，后集为果、卉、草、木、农桑、蔬、药凡七部，著录植物170余种，共计近300种。作者陈咏，字景沂，号肥遯，又号愚一子，天台（今浙江天台）人。该书脱稿于理宗即位（1225）前后，付刻在宝祐元年（1253）至四年（1256）。书中对植物的分类自成体系，所辑资料不少是罕见或失传的珍品。

《序牡丹》（存）

〔元〕姚燧撰

元代，牡丹栽培处于低谷，牡丹文献也极少见。元代文学家姚燧

（1238—1313）应友人之求所撰《序牡丹》一文，是记载元代牡丹罕见的宝贵文字。是文说他从元世祖忽必烈中统元年（1260）到至元二十六年（1289），行程数千里，总共才六见牡丹（其中在洛阳见三次，在燕都、长安、邓州各见一次），所见不过寿安红、左紫、状元红、玉板白、衡山紫、浅红、鹤翎红数种而已，多为单叶或多叶，"无绝奇者"，"千叶名品才四见"。植株矮小，品种稀少，花色单调，名品奇缺。长安、洛阳为唐、宋牡丹之都，名园林立，今已零落凋敝如此，令作者感慨唏嘘。是文是元代牡丹现状的真实写照。载《古今图书集成·草木典》第二百八十九卷。

《朱氏牡丹谱》（佚）

〔明〕朱橚撰

是《谱》不见著录，亦不知何名，仅见明代著名学者焦竑为薛凤翔《亳州牡丹史》撰《序》云："余友薛鸿胪公仪亳人也……一日出所为《牡丹史》示余，观其所载，殆兼昔人所得而奄有之，即周藩以天潢之重，人力所及，仅仅得四十四种，公仪视之不啻倍蓰而什百然。"《序》中所说"周藩"指藩王朱橚，明太祖朱元璋第五子，初封吴王，后改周王。所谓"天潢"，乃古时皇室之称。朱橚好学，能辞赋，曾收集草木野菜400余种在自己的园圃栽植，观察研究，著《救荒本草》一书，有刻本传世。《朱氏牡丹谱》已佚，凭焦竑所见，知收录牡丹44种。

《亳州牡丹谱》（佚）

〔明〕严郡伯撰

此《谱》不见著录，仅见明人薛凤翔《亳州牡丹史·本纪》："花史氏曰：永叔记洛中牡丹三十四种（按：应为二十四种），丘道源三十九种，钱思公谱浙江九十余种（按：不知钱思公《浙花谱》为何物？朱弁《曲洧旧闻》卷四云："然思公《花品》无闻于世。"不知薛氏何以见之？志疑于此），陆务观与熙宁中沈杭州牡丹记各不下数十种，往严郡伯于万历己卯谱亳州牡丹多至一百一种矣！"严氏万历己卯（1579）所撰《亳州牡丹谱》当为薛凤翔亲见而今已佚。薛氏于明万历癸丑（1613）写成《亳州牡丹史》，得牡丹274种，应包括严《谱》101种在内。从万历己卯到癸丑短短30多年间，亳州牡丹竟激增173种，变化惊人。诚如袁中道为薛《史》撰《序》惊呼的那样："今且月异而岁不同矣。奇奇怪怪，变变化化，造物者若不能自秘其工巧以听人之转移，而日献奇贡艳于人耳目之前，故者新，新者又故，然则牡丹之变岂有极乎！"

《本草纲目》(存)

〔明〕李时珍撰

李时珍（1518—1593），字东璧，号频湖，蕲州（今湖北蕲春）人。明医药学家，世业医，承家学着重研究药物，参考历代本草著述，勤向渔民、樵夫、药农等请教，对药物鉴别试验，纠正某些讹误，积27年之久，于万历六年（1578）著成《本草纲目》一书，系统总结了中国16世纪以前的药物学知识与经验，对我国药物学、植物学发展作出了巨大贡献。

《本草纲目》是部医药学专著。全书五十二卷，分十六部。书中对1892种药物分别从释名、集解、辨疑、正误、附方诸项，进行研究，分析其性味、功效、炮制方法及诸家之说。牡丹作为药物载于书中。李氏"释名"说："牡丹以色丹者为上，虽结子而根上生苗（指牡丹为无性营养繁殖），故谓之牡丹。"发前人所未发，成一家之言。又说："（牡丹）唐人谓之木芍药，以其花似芍药而宿干似木也。"其"集解"在历列前贤之说后，提出己见："牡丹惟取红、白单瓣者入药，其千叶异品皆人巧所致，气味不纯，不可用。"其"修治"引雷敩之法说："凡采得根，日干，以铜刀劈破，去骨，锉如大豆许，用酒拌蒸，从巳至未，日干用。"详细具体。其"主治"、"发明"项在列举前代本草后，总结牡丹性味、功用为："和血、生血、凉血、治血中伏火，除烦热。"所谓"伏火"即阴火、相火。李氏特别指出："古方惟以此（丹皮）治相火……后人乃专以黄檗治相火，不知牡丹之功更胜也。此乃千载秘奥，人所不知，今为拈出。"同时还附列他收集到的牡丹治病的单方、验方若干，极具实用价值。是书与先贤时彦花谱不同，使牡丹药物性的方方面面得以充分展现。

《学圃杂疏》三卷（存）

〔明〕王世懋撰

王世懋，王世贞弟，明太仓（今属江苏）人。字敬美，号麟洲，嘉靖进士，累官太常少卿。好学善诗文，名亚其兄。《学圃杂疏》成书于万历十五年（1587），全书三卷六疏，以记花为主，共30余种，大都是作者自家澹园所植，其栽培方法也多是本人实践经验之谈，非常可贵。牡丹在卷一"花疏"中，是他自己在园圃中种植牡丹的经验总结。他说："牡丹本出中州，江阴人能以芍药根接之，今遂繁滋，百种幻出，余澹园中绝盛，遂冠一州。"又说："人言牡丹性瘦不喜粪，又言夏时宜频浇水，亦殊不然。余圃中亦用粪乃佳。又中州土燥，故宜浇水，吾地湿，安可频浇？大都此物宜于沙土耳。"卷二为果、蔬、瓜、豆、竹等五疏。卷三为拾遗。该书今存有明刻本、《说郛》本。《广百川学海》本则将原书分割为"花疏"、"果疏"、"瓜菜疏"刊刻。作者著述颇丰，除本书外还有《艺圃撷余》、《三郡图说》、《名山游记》等。《明史》有传，附于《文苑·王世贞传》后。

《遵生八笺》(存)
〔明〕高濂撰

高濂，字深甫，浙江钱塘（今杭州）人。万历间学者。少年多病，因而重医药养生之道。其辑录养生保健理论与方法著述，编撰成《遵生八笺》十九卷，成书于万历十九年（1591）。是书对花木、草花也有很深的研究，辑有《牡丹花谱》一节，对牡丹的种植、分花、接花、灌花、培养、治疗诸法及牡丹的所宜所忌、种子播种都有简要介绍；又有《古亳牡丹花品目》一节，对古亳牡丹花品按花色分黄、大红、桃红、粉红、紫、白六类共110种千叶牡丹作了简要记述；另在对花树、草花的评说中，对牡丹也有论及。

《亳州牡丹史》四卷 (存)
〔明〕薛凤翔撰

是书为牡丹专谱。薛凤翔，字公仪，亳州（今属安徽）人。出身园艺世家，博学多才。曾任鸿胪寺少卿，英年挂冠。有家园数十亩，花品千百计，莳花弄圃，日夕与花为伴。薛氏本欧公《洛阳牡丹记》而推广之，仿《史记》纪传体例，分为本纪、表、书、传、外传、别传、花考、神异、方术、艺文，编撰《亳州牡丹史》四卷。据友人邓汝舟撰《序》称"在万历岁次癸丑桂月之朔"，当成书于万历四十一年（1613）。该书对亳州274种牡丹，以神、名、灵、逸、能、具六品，分别品评次第。此分类法为花木学首创。对牡丹命名由纪实趋含蓄，比拟取象，重气质神韵。其《牡丹八书》对栽培中的栽接剔治诸法作全面记载，是明代牡丹栽培技术、经验、理论的集大成者。内容富赡、洋洋大观。但因内容丰富而庞杂，只有其中《表》、《书》、《传》部分有刊行本，其他为手抄本，流传不广，少为人知。详见本书正文。

《群芳谱·牡丹》（存）

〔明〕王象晋撰

《群芳谱》为《二如亭群芳谱》的简称，是中国 17 世纪初期一部介绍植物学、农学的重要著作。全书三十卷，以元、亨、利、贞为数序分作四部，将植物划分成谷、蔬、果、茶、竹、桑麻、葛棉、药、木、花卉等类，每类各成专谱。牡丹谱在花卉类木本花中。编纂者王象晋，字荩臣，号康宇，山东新城（今桓台西）人。万历三十二年（1604）进士。他曾在原籍经营农业，喜种花草树木，把平时阅读抄录的有关花木栽植的资料，结合自己的生产实践，沿袭《全芳备祖》体例，于天启元年（1621）撰成此书。

《群芳谱·牡丹》先简述牡丹之名和别称、发展简史、生物习性和种植要点；继而将约 180 种牡丹按色别分成黄、红、粉红、白、紫、间色六类，品种多的色类又按其花瓣、花型，细分为千叶楼子、千叶平头、千叶及其他小类，对每一品种的色态姿容、生长习性、产地及得名由来都有简要介绍；最后按移植、分花、种花、接花、浇花、剔花、护花、变花、剪花、食花诸项，逐一记述牡丹的栽培、养护、应用之法。末附秋牡丹和缠枝牡丹两则。上述内容大都采自前贤诸谱和有关载记，加以综合、汇总，记其所得。

《曹南牡丹谱》（残存）

〔清〕苏毓眉撰

曹南即曹州（治今山东菏泽）。因曹州古为曹国，境有曹南山，因称曹州为曹南。苏毓眉，字竹浦，沾化（今山东滨州沾化区）人。康熙七年（1668）任曹州儒学学正，其时"曹南牡丹甲于海内"。"己酉（1669）三月，牡丹盛开，余乘款段遍游名园。虽屡遭兵燹，花木凋残，不及往时之繁，然而新花异种，竞秀争芳，不止姚黄、魏紫而已也。多至一二千株，少至数百株，即古之长安、洛阳恐未过也。因次其名，以列于左。"（见《曹南牡丹谱·序》）此《谱》是曹州最早的牡丹谱录，但仅有抄本流传，也难得其全，我们只能从乾隆时姚元之字伯昂者的《竹叶亭杂记》里看到对是《谱》的摘录。姚氏云："《曹南牡丹谱》，沾化可园主人苏毓眉竹浦氏著。余家书笥中有抄本，可与鄞江周氏《洛阳牡丹记》、薛凤翔《亳州牡丹记》并称。"姚氏所录苏氏《曹南牡丹谱·牡丹花目》记：建红、夺翠等绛红色 12 种，宋红、井边红等倩红色 5 种，第一娇、万花首等粉红色 5 种，焦白、建白等素白色 12 种，铜雀春、独占先春等银红色 2 种，墨紫茄色、烟笼紫玉盘等墨紫色 4 种，栗玉香、金轮等黄色 4 种，豆绿、新绿、红线界玉等绿色 3 种，瑶池春、藕丝金缠等间色 5 种，胭脂点玉、国色无双等各色不同牡丹 26 种，共计 78 种，仅有花名，未作解释，像是一份花谱提纲，如此而已。

《亳州牡丹述》一卷（存）

〔清〕钮琇撰

钮琇，字玉城，号玉樵，吴江（今江苏苏州吴江区）人。清康熙间居官陈州项城（今属河南），与以牡丹甲天下的亳州接壤。清代牡丹栽培中心开始由亳州转移到曹州，但在清初亳州牡丹盛况犹存。钮琇形容"亳之地，为扬、豫水陆之冲，豪商富贾比屋而居，高舸大艑连樯而集。花时则锦幄如云，银灯不夜，游人之至者，相与接席携觞，征歌啜茗，一椽之僦，一箸之需，无不价踊百倍，浃旬喧宴，岁以为常。土人以是殚其艺灌之工，用资客赏"。钮氏嗜花惜牡丹，但居官项城时，虽与亳州比邻，却因"日顿于簿书，不能一往。阅三载复以忧归，游览之怀，竟未获遂"。他有感于亳州牡丹虽盛，"然赏非胜地，莳不名园，上林无移植之荣，过客无留题之美"。又恐"盛衰无时，代谢有数，后日之谯（亳州）安知不为今日之雒（洛阳），则繁英佳卉，泯灭无传"。他虽"迫以艰归，尚不能忘情于是花"，于是求助友人刘石友、王鹤州为他口述亳州牡丹之"艳"，"因其所言"，于康熙二十二年（1683）苦心孤诣撰成《亳州牡丹述》，后被收入《昭代丛书》辛集，遂有刊本传世。

钮琇《亳州牡丹述》与前贤诸谱或以花色或以花叶（瓣）分类不同，别出心裁地将143种（实为140种）亳州牡丹分为九类，每类又分成上品、次品，依次为：一、以氏名花。上品18种，次品1种。二、以色名花。上品16种，次品2种。三、以人名名花。17种（列名只有14种）。四、以地名名花。上品8种，次品3种。五、以物名花。上品27种，次品11种。六、以数名花。3种。七、以境名花。上品12种，次品1种。八、以事名花。上品6种，次品3种。九、以品名花。上品8种，次品7种。共计上品112种，次品28种，合计140种。其中重点释名者，有支家大红、花红平头、太真晚妆、一匹马、第一红等17种。与明代薛凤翔《亳州牡丹史》记录的274种相比虽少134种，但钮《述》所记140种中有116个品种为薛《史》所无。薛《史》旧品种仅占钮《述》新品种的四分之一，从中可见亳州牡丹的新发展、新演变。

毋庸讳言，钮琇是位牡丹爱好者而非园艺家，他仅凭耳听友人口述而不曾目验亳州牡丹，以命名的方法为牡丹分类又很少具体解释，很难说他的《亳州牡丹述》及其分类法有多大科学性，很难知道他所列花品的色别浓淡、花叶多少、花面大小、花期早晚、平头或起楼、喜阴或喜阳、有何奇异处。钮氏同邑人，《昭代丛书》续辑者杨复吉于乾隆十八年（1753）为钮《述》作《跋》称，"较诸薛《史》固自后来居上"，显系溢美之词。但钮《述》记述清初亳州牡丹余晖，具体列出 140 个品种名称且多为薛《史》所无的新品种，是亳州牡丹的宝贵文献，在我国牡丹文化发展史上功不可没。

《花镜·牡丹》（存）
〔清〕陈淏子撰

《花镜》是清代观赏园艺植物的专著。作者陈淏子，一名扶摇，自号西湖花隐翁。原为明朝官员，明亡不仕，退守田园，率家人种花植草，对养花颇多心得，于康熙二十七年（1688）撰成《花镜》一书，共六卷。卷一是栽花月历，卷二是栽培总论，卷三至五分论 352 种观赏花木的栽培，卷六附录园林中常见的禽、兽、鳞介、昆虫的调养之法。书中《牡丹》一节，将 131 种牡丹，计黄色 11 品，大红色 18 品，桃红色 27 品，粉红色 24 品，紫色 26 品，白色 22 品，青色 3 品，一一释名、解说。在总论牡丹习性、栽培、趣闻逸事时，内容虽大都采自他书，但简明扼要，文字亦生动有趣。如"花未放时，去其瘦蕊谓之打剥；花将放，必用高幕遮日，则花耐久；开残即剪，无令结子，留子则来年不盛"，"八月十五日是牡丹生日，洛下名园，有牡丹数千本者，每岁盛开，主人辄置酒延赏，若遇风日晴和，花忽盘旋翔舞，香馥异常，此乃花神至也，主人必起具酒脯罗拜花前，移时始定，岁以为常"云云。

《广群芳谱》（存）

〔清〕汪灏撰

　　该书是清代一部较完备而系统的植物学、农学著作，全名《御制佩文斋广群芳谱》。编撰者汪灏，字文漪，一字天泉，临清（今属山东）人。康熙时进士，官至内阁学士、礼部侍郎。受康熙之命，以王象晋《群芳谱》为基础，删除其中与植物无关的部分，所缺内容另据宫中图书搜集资料增补，于康熙四十七年（1708）改编而成《广群芳谱》。全书一百卷，分天时、谷、桑麻、蔬、茶、花、果、木、竹、卉、药十一谱，其中典故、艺文占较大篇幅。该书"每一物详释名状，列于其首；次征据事实，统标曰汇考；传记、序辨、题跋、杂著、骚赋、诗词，统标曰集藻；其制用移植等目，统标曰别录。庶分条简要，编次画一"。凡原书旧有条文，开头皆注"原"字；新增内容，开头处标用"增"字。

　　《广群芳谱》中"牡丹"，其"释名"增《广雅》、《本草》、苏恭、苏颂等对牡丹的论述及《鄞江周氏洛阳牡丹记》中的 37 个品种，薛凤翔《亳州牡丹》中的 153 个品种；"汇考"增《宋史·五行志》、《素问》等 24 种书籍中有关牡丹的载记文字；"集藻"增苏轼《牡丹记序》等序文 2 篇，欧阳修《风俗记》等记 5 篇，夏之臣《评亳州牡丹》杂著 1 篇，李德裕《牡丹赋》等赋 2 篇，及咏牡丹诗词：五古 7 首、七古 9 首、五律 7 首、七律 61 首、五排 15 首、六绝 5 首、七绝 57 首、词 9 首；"别录"增 8 则。另，"鱼儿牡丹"、"缠枝牡丹"亦有增补者。该书形式整齐、内容丰富、取材严谨，便于查阅。

《法华乡志·土产卷·牡丹专记》（存）

〔清〕撰者不详

法华乃今上海市松江区法华镇，此则《牡丹专记》选自《法华乡志》，撰者不详。清代乾嘉时期，法华园圃甚盛，广植牡丹。"其初传自洛阳，而接法则取单瓣芍药根，于八九月贴嫩芽，与洛阳不同，宜植沙上，移他处则不荣。即邑中艺圃亦必取法华土植之，始得花而茂丽终不及，故法华有'小洛阳'之号。"而法华又以李钟潢的潨溪园牡丹最盛。这篇《牡丹专记》即"记"李氏园中最著名的牡丹，计有纯白、绝白、色白、正赤、银红、淡银红、桃红、干紫、淡紫、深紫、青色、淡粉、间色等32个品目，逐一释名、简介。该地品评花品高下的标准是："凡花瓣以坚厚挺举、经日不垂，虽开放已圆而不焦不卷，落则尽落、无先堕者为上品；其开半先落，或花瓣柔弱易靡者为下。"为后来计楠《牡丹谱》提出江南牡丹"三品"说所本。该《记》释"绿蝴蝶"花品时说："绿放者，初放绿如碧羽，渐放渐退，诸白花以此为准；文放者，逐层细开，以渐舒展；武放者，花力极壮，不待萼舒，花瓣裂而出也。"这些记述也为他谱少见。

《曹州牡丹谱》（存）

〔清〕余鹏年撰

余鹏年，字伯扶，怀宁（今属安徽）人。乾隆时举人，于乾隆五十六年（1791）赴曹州任重华书院讲席，受他的老师、著名学者、时任山东学政翁方纲之托，次年（1792）撰成《曹州牡丹谱》一书。该

《谱》按正色（纯色）、间色（杂色）分类，共记曹州牡丹56种，其中正色34品（黄7、青1、红15、白8、黑3），间色22种（粉11、紫6、绿5）。需特别指出，"魏紫"之名，在宋代诗词中早已司空见惯，但在牡丹谱中，它第一次出现在余鹏年《曹州牡丹谱》里，此前诸谱均无"魏紫"之名。宋代常说的"魏紫"非紫花而为肉红色"魏花"，故余氏在《谱》里强调指出："盖钱思公称为花之后者，千叶肉红，略有粉梢，则魏花非紫花也。"余《谱》附记七则，记述牡丹栽培经验时突出曹州的地域特点，并指出曹州牡丹中"胡氏红"、"何白"、"紫衣冠群"三个品种用"催花"技术获得成功，提前开花。余《谱》是第一部详细记录曹州牡丹的专谱，且刊刻行世，流传较广，影响较大。详见本书正文。

《牡丹谱》（存）

〔清〕计楠撰

计楠，字寿乔，自号雁湖花主，秀水（今浙江嘉兴）人。平生爱花，尤癖牡丹。积20余年，遍求各地名品佳种百余，植于自家一隅，观赏研究。继嘉庆八年（1803）著《菊说》后，又于嘉庆十四年（1809）撰成《牡丹谱》一书。该《谱》以他所搜求的牡丹品种的原产地分类，计得亳州种24种，曹州种19种，法华种47种，洞庭山（今江苏太湖）种8种，平望（今江苏苏州市吴江区平望镇）程氏（程鲁山）种5种，共103种，大部分为江南的品种，包括计楠自家花园培育出的"粉球"、"银红蝴蝶"等新出变种。《谱》后附有牡丹种法、浇灌、接法、花式、花品、花忌、盆玩诸项，地域特色突出。如记述"松江地名法华，能以芍药根接上品细种牡丹，愈接愈佳，百种幻化，其种易蕃，其色更艳，遂冠一时"。总结牡丹款式说："牡丹有六式：一曰楼子，小瓣，千叶，层叠；一曰聚心，底瓣阔大，中有细瓣，攒簇；一曰结绣，花心小，瓣卷曲，稠密；一曰绣球，花瓣圆齐，高突；一曰大瓣，花瓣匀整，无心；一曰平头，千瓣大花，有心。"品评花品高下等次，提出"三品"说："牡丹有三品：一曰玉版，质厚耐久，有花光；一曰硬瓣，坚薄，瓣挺；一曰软叶，花瓣绉软，不耐风日。玉版最贵，多武放不易开；硬瓣多文放；软叶最次，即有好款式，好颜色，一遇烈日、风雨则易萎。此品之高下不同，世人不辨瓣之迥异，徒以起楼、平头分贵贱，失之远矣。"因计《谱》以瓣之硬软、开之难易、花时长短，次第花品高下，故其中多用瓣硬、瓣软、瓣厚、瓣挺、瓣簇，大瓣、小瓣、细瓣、阔瓣、长瓣、难开、耐开、易开、文放、武放，耐久、不耐风日等术语进行描述，亦与他谱不同。计《谱》是研究江南牡丹品种群的重要文献，但过去较少为人注意。

《植物名实图考》三十八卷
《植物名实图考长编》二十二卷（存）

〔清〕吴其濬撰

吴其濬（1789—1847），字瀹斋，别号雩娄农，河南固始人。嘉庆进士，曾任翰林院修撰，两湖、云贵、福建、山西等省巡抚或都督，"宦迹半天下"。他精于草木之学，其《植物名实图考》及其《长编》，刻印于道光二十八年（1848），是 19 世纪我国重要的植物学著作，闻名于世。作者参考文献达 800 余种，但他反对只靠耳食，不由目验的研究方法，不囿于前人之说，主要以亲身实物观察为依据，然后拿文字记载来印证，纠误创新，治学态度严肃认真。其《图考》三十八卷，共收植物 1714 种，共分谷类、蔬类、山草、隰草、石草、水草、蔓草、芳草、毒草、群芳、果类、木类等十二类，对所收植物的形色、性味、用途、产地，叙述颇详，并附以插图，刻绘精审。"牡丹"在"芳草类"中，记载如下："牡丹，《本经》中品，入药亦用单瓣者。

其芽肥嫩，故有'芍药打头，牡丹修脚'之谚。雩娄农曰：永叔创《牡丹谱》，好事者屡踵之，可谓富矣。然蕃变无常，非谱所能尽，亦非谱所能留也。但西京置驿，奇卉露生，今则洛花如月，而异萼绝稀，岂人工之勤，地利之厚，不如故也？抑造物者观人之精神所注与否，而为之盛衰耶？汉之经学，六朝骈丽，三唐诗词碑碣，亦犹是矣，况乎有关于家国之废兴，世道之升降，而造物独不视人所欲与之聚之，吾何敢信？"另在"群芳类"对荷包牡丹、铁线牡丹亦有记载。

其《长编》二十二卷，除了无"群芳类"外，分类与《图考》全同。主要辑集经、史、子、集四部中有关植物的文献而成。"牡丹"在卷十一中，辑有欧阳修《洛阳牡丹记》、周师厚《洛阳花木记》、陆游《天彭牡丹谱》、胡元质《牡丹谱》、薛凤翔《牡丹八书》及《亳州牡丹史》等文字，是原始文献资料汇编，便于读者查阅。

《新增桑篱园牡丹谱》（存）

〔清〕赵孟俭原著、赵世学新增

桑篱园是清朝曹州园艺家赵孟俭的花园，因其种桑结篱，故以"桑篱"名园，故址在今山东菏泽市牡丹乡赵楼村北。赵孟俭字克勤，道光时人。性爱花木，尤嗜牡丹，其园"牡丹株殆以数千，种殆以数百"。孟俭把园中牡丹按《群芳谱》已有品种收为一册，新出品种另收一册，共得150余种，仿照其注法，一一为注，命名《桑篱园牡丹谱》，并请曹州前辈学人何迵生字又人者为《谱》作《序》，时在道光戊子年（1828），但未能刊刻面世，仅以手抄本留存。孟俭同村晚辈、铁梨寨花园主人赵世学字师古者，亦酷爱牡丹，毕生从事牡丹栽培，他把自家花园中为"桑篱园"所没有的50多个品种牡丹，按各色各名增补附于《桑篱园牡丹谱》之后，新、旧合为一谱，取名《新增桑篱园牡丹谱》。计得黑色10种、黄色18种、绿色13种、白色35种、紫色27种、红色50种、桃红色43种、杂色6种，共8个色系202种。但何为旧有品种，何为新增品种，已无法辨别。间有花名重出和花相近而名相混者，因原谱失传，已无法勘正。据赵世学自《序》，《新增桑篱园牡丹谱》成书于宣统元年（1909）。该《谱》不仅收录曹州牡丹品种多，且每个品种都有简要介绍，对研究曹州牡丹和我国牡丹发展史有重要价值。此《谱》由菏泽牡丹学者李保光、田素义整理校注，连同其前、其后诸谱合为一编，取名《新编曹州牡丹谱》，1992年由中国农业科技出版社出版。

通过上面简单的勾勒，从北宋初仲休的《越中牡丹花品》至清末二赵的《新增桑篱园牡丹谱》，历代花木家们勤奋著述，把牡丹生物学的历史演进和牡丹文化的世代传承展现给读者，唤起国人对国花牡丹的深情厚爱，他们为中国的花文化和科技文明作出了重要贡献。已经佚失不传的牡丹谱录因无可挽回，令人殊感痛惜，而留存在世的牡丹谱录就显得尤其宝贵。珍重千年积淀的这份宝贵文化遗产，有选择地整理出版这些牡丹谱录代表性作品，显然更具非同寻常的重要意义。

凡　例

一、本书选择不同朝代的几部具有代表性的牡丹谱，或全谱或节选，进行整理、校勘、注译、点评。

二、所选诸谱，凡谱名不是撰谱人自取而为后人所加者，不沿用旧谱名而另用新称，或沿用旧谱名另作说明。

三、诸谱内容编排按解题、原文、注释（含校勘）、译文、点评排列。点评置于谱末，不逐段点评。与所选诸谱有关的考证文字，作为附录，放在点评之后。

四、诸谱校勘用最具校勘价值的版本为底本，不必是时间最早的刻本。再选若干有影响版本为参校本。所选底本和参校本见各谱的校勘说明。校勘与注释合用注释序号，校勘用逗号，注释用冒号，先校后注。校注序号标于应加校注的句子的句末右上方，并对应次序标在各条校语、注文之首。每句不论出校、加注几处，只用一个序号。

五、诸谱各选若干具有代表性的花品，配以牡丹花照、牡丹图片，文图映衬，更具直观性和艺术品位。

洛阳牡丹记

〔宋〕 欧阳修 著

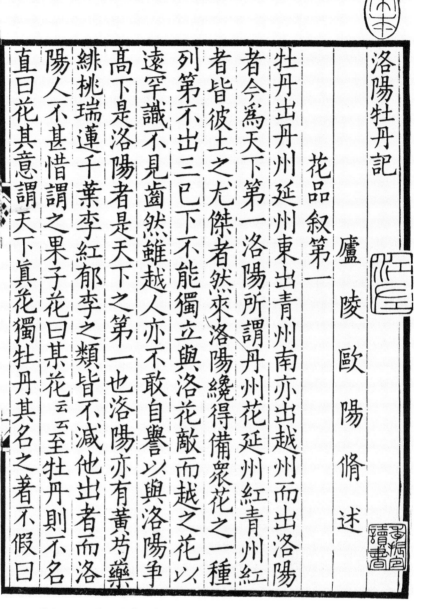

洛陽牡丹記

廬陵歐陽脩述

花品叙第一

牡丹出丹州延州東出青州南亦出越州而出洛陽者今為天下第一洛陽所謂丹州花延州紅青州紅者皆彼土之尤傑者然來洛陽繞得備眾花之一種列第不出三巳下不能獨立與洛花敵而越之花以遠罕識不見齒然雖越人亦不敢自譽以與洛陽爭高下是洛陽者是天下之第一也洛陽亦有黃芍藥緋桃瑞蓮千葉李紅郁李之類皆不減他出者而洛陽人不甚惜謂之果子花曰其花云云至牡丹則不名直曰花其意謂天下真花獨牡丹其名之著不假曰

武进陶氏影印宋刻咸淳左圭《百川学海》本欧阳修《洛阳牡丹记》书影

《洛阳牡丹记》一卷，宋欧阳修撰。欧阳修（1007—1072），字永叔，号醉翁，晚号六一居士，吉州吉水（今属江西）人。宋仁宗天圣八年（1030）进士，次年出任西京（洛阳）留守推官。景祐初召试学士院，充馆阁校勘。因支持并积极参与以直言敢谏的范仲淹为首的庆历革新，屡遭守旧派的排挤打击，被诬为"朋党"，两次遭贬。先出任夷陵、乾德令，后贬知滁、扬、颍诸州。仁宗至和初召为翰林学士，修《唐书》，累擢至枢密副使、参知政事。又因官场遭诬，请求外任，出知亳、青、蔡等州。熙宁四年（1071）以太子少师致仕，次年病故，享年66岁，谥文忠。他倡导诗文革新，爱惜人才，奖掖后进，是北宋古文运动领袖，在散文、诗词等方面有很高成就，为"唐宋八大家"之一。有《欧阳文忠公集》传世。

《洛阳牡丹记》写成于仁宗景祐元年（1034）十月后，距今已有近千年历史。该《记》分为三部分：一曰花品叙，叙说洛阳牡丹"天下之第一"，列举"特著"名品24种；二曰花释名，记述牡丹命名之法和所列名品花名由来及其色态姿容；三曰风俗记，首叙洛阳游宴、爱重牡丹的风习，次记洛人总结的种、接、浇、管牡丹的经验。文风朴实、古雅，为牡丹专谱的开山之作，流传很广。

本书以影印宋刻左圭《百川学海》本为底本，以宛委山堂《说郛》本（简称宛委说郛）、《古今图书集成》本（简称集成本）、《香艳丛书》本（简称香艳本）、《全宋文》本（简称全宋文）、上海古籍出版社出版的《生活与博物丛书》标点本（简称生博本）为参校本，点校、注译。

花品叙第一①

　　牡丹出丹州、延州②，东出青州③，南亦出越州④。而出洛阳者，今为天下第一。洛阳所谓丹州花、延州红、青州红者，皆彼土之尤杰者⑤。然来洛阳，才得备众花之一种，列第不出三已下⑥，不能独立与洛花敌⑦；而越之花以远罕识不见齿⑧，然虽越人，亦不敢自誉，以与洛阳争高下。是洛阳者，实天下之第一也⑨！洛阳亦有黄芍药、绯桃、瑞莲、千叶李、红郁李之类，皆不减他出者，而洛阳人不甚惜，谓之果子花⑩，曰某花云云⑪。至牡丹则不名，直曰花。其意谓天下真花独牡丹，其名之著，不假曰牡丹而可知也。其爱重之如此⑫。

宋　佚名　《牡丹图》　纨扇　绢本　设色　纵 24.8 厘米
横 22 厘米　北京故宫博物院藏

①花品叙：记叙洛阳牡丹的品种、等次。

②丹州：今陕西省宜川县一带。延州：今陕西省延安市一带。

③青州：今山东省青州市、潍坊市一带。

④越州：今浙江省绍兴市一带。

⑤彼土：那些地方（指丹、延、青、越等州）。尤杰者：最佳品种。

⑥列第：排列品第、等次。不出：不超出。已下：以下。

⑦洛花，说郛本、集成本、香艳本作"洛阳"。独立：独自。敌：匹敌，抗衡。

⑧以远罕识：（越州牡丹）因处地僻远少见。不见齿：不被见笑。《礼记·檀弓上》："泣血三年，未尝见齿。"孔疏："凡人大笑则露齿本，中笑则露齿，微笑则不见齿。"见齿，指人笑。

⑨实，原作"是"。全宋文作"果"，集成本作"为"，据生博本改。

⑩果子花：结果子的树开的花。按：周师厚《洛阳花木记》中列桃、梅、杏、梨等"果子花"共147种。

⑪云云，全宋文作"某花"。

⑫其：代词，他们。这里指洛阳人。

[译文]

牡丹西北产自丹州、延州，东边产自青州，东南产自越州。而产于洛阳的牡丹，今为天下第一。洛阳人所说的丹州花、延州红、青州红等，都是他们那些地方的最佳品种。然而传到洛阳来，仅能充当众多牡丹中的一种，排列品第等次未能超出三等范围，不能独自与洛阳牡丹抗衡；而越州产的牡丹，因为地处偏远少见不被见笑，然而即使越州人也不敢自誉其美而与洛阳争高低。由此看来洛阳牡丹，实在可以称作天下第一啊！洛阳也有黄芍药、绯桃、瑞莲、千叶李、红郁李之类的花，都不逊色于其他地方的花，但洛阳人都不甚喜爱，称它们是（果子树开的）果子花，叫作某某花，如此如此。到牡丹花则不称"牡丹"之名，直接叫"花"。意思是天下真花独有牡丹花，它名声卓著，不必借助牡丹之名便可知道了。洛阳人珍爱看重牡丹竟到如此程度啊。

　　说者多言洛阳于三河间①，古善地②。昔周公以尺寸考日出没，测知寒暑风雨乖与顺于此，此盖天地之中，草木之华得中气之和者多，故独与他方异③。予甚以为不然。夫洛阳于周所有之土，四方入贡道里均，乃九州之中④；在天地昆仑旁礴之间⑤，未必中也。又况天地之和气，宜遍被四方上下，不宜限其中以自私⑥。

[注释]

　　①于，集成本作"居"。三河：河东、河内、河南。《史记·货殖列传》："昔唐人都河东，殷人都河内，周人都河南。夫三河在天地之中，若鼎足，王者所更居也。"

　　②古善地：古代帝王建都的好地方。

　　③从"以尺寸考日出没"到"故独与他方异"五句，是西周时流行的一种说法。《周礼·地官司徒》："（周公）以土圭之法测地深，正日景（影）以求地中。日南则景（影）短，多暑；日北则景（影）长，多寒；日东则景（影）夕，多风；日西则景（影）朝，多阴。日至之景（影），尺有五寸，谓之地中，天地之所合也，四时之所交也，风雨之所会也，阴阳之所和也。然则百物阜安，乃建王国焉。"周公：西周初年政治家姬旦，采邑在周（今陕西岐山北），故称周公。曾助周武王灭商，为成王摄政，平定东方夷族叛乱，营建洛邑（今洛阳市）为东都，制礼作乐，为周王朝建立典章制度。尺寸：指古代测量日影长度以定方向、节气和太阳出没时刻的仪器，叫"土圭"或"圭表"。乖与顺：不和与正常。中气之和：即中和之气。中和，指不偏不倚不乖戾的境界。气，是我国古代哲学概念，指构成万物的物质。得中和之气会产生"天地位焉，万物育焉"的神奇效果。

　　④九州：传说中中国上古时期的行政区划。《书·禹贡》载指冀、兖、青、徐、扬、荆、豫、梁、雍九州。

　　⑤昆仑：昆仑山。旁礴：同"磅礴"。

⑥ "又况" 三句，香艳本作 "又况四方上下，不宜限其中以自私"。
"宜遍" 下原无 "被" 字，据全宋文补。

[译文]

　　论者多说洛阳地处河东、河内、河南之间，是古代帝王建都的好地方。昔日周公在此用土圭考察日出日没时刻，测量天气的寒暑、风雨的不和与正常，因为这里是天地的中心，草木之花得到大自然的中和之气多，所以独与其他地方不同。我很不赞同此说。洛阳在周王朝土地的中央，四方进贡里程相等，是九州的中心；但在天地昆仑磅礴广大的大自然间，则未必居于中心。又何况天地中和之气，应该遍布覆盖在四方土地的上上下下，不应该自私地局限在区区中心地区。

　　夫中与和者①，有常之气②，其推于物也，亦宜为有常之形。物之常者，不甚美亦不甚恶。及元气之病也③，美恶隔并而不相和入④。故物有极美与极恶者，皆得于气之偏也。花之钟其美⑤，与夫瘿木痈肿之钟其恶⑥，丑好虽异，而得一气之偏病则均⑦。洛阳城围数十里，而诸县之花莫及城中者，出其境则不可植焉，岂又偏气之美者独聚此数十里之地乎？此又天地之大，不可考也已⑧。凡物不常有而为害乎人者曰灾，不常有而徒可怪骇不为害者曰妖。语曰："天反时为灾，地反物为妖⑨。"此亦草木之妖而万物之一怪也。然比夫瘿木痈肿者⑩，窃独钟其美而见幸于人焉。

[注释]

　　①夫中与和者，此句香艳本作 "所谓和者"。
　　②有常之气：即中和之气。古人认为天下万物禀气而生，气有正、偏，正气生美物，偏气生恶物。

明　陈嘉选　《玉堂富贵图》　立轴　绢本　设色
纵 204.4 厘米　横 103.9 厘米　上海博物馆藏

③元气：中国哲学术语，指产生和构成天地万物的物质，或阴阳二气混沌未分的实体。《鹖冠子·泰录》："天地成于元气，万物乘于天地。"病：失去常态，出现病态。

④不相和入，集成本作"不相和"。隔并：阴阳不调。元人李治《敬斋古今黈·拾遗》："天地之气，阴阳相半，曰旸曰雨，各以其时，则谓之和平；一有所偏，则谓之隔并。隔并者，谓阴阳有所闭隔，则或枯或潦，有所兼并。"和入：阴阳调和入物。

⑤花：这里指牡丹。钟：聚集。

⑥瘿（yǐng）木：长瘿赘瘤的树木。

⑦偏病：偏颇的毛病。均：相同。

⑧也已：句尾表肯定的语气词。

⑨为灾，说郛本作"有灾"。"天反时"二句：见《左传·宣公十五年》，意谓：天违背时令会形成灾害，地违背物性则出现妖异。

⑩痈肿，原作"拥肿"，据生博本改。

[译文]

中与和产生正常中和之气，它推及各物，也应有正常的物形。正常的物形，不很美也不很丑。到构成万物的元气出了毛病，美与丑相闭隔阴阳不能调和入物。所以天地间产生极美与极丑之物，都是由于得元气偏颇的缘故。牡丹聚集天地之至美，长满赘瘤的痈肿树木聚集天地之至丑，丑与美虽不同，但得天地偏颇的元气则是一样的。洛阳城周围几十里，而各县种的牡丹都比不上洛阳城的牡丹，出了洛阳城境就种植不出最美的牡丹，难道至美的元气独独聚集在洛阳城境几十里的土地上吗？这又是天地之大不可考究的事理啊！凡物不常见而又危害到人的叫"灾"，物不常见只令人惊骇称怪但不危害于人的叫"妖"。《左传》有语："天违背时令会形成灾害，地违背物性则出现妖异。"（洛阳）牡丹也是草木中之妖而万物中的一怪。然而比起痈肿长瘿的丑木，它独自聚集天地的至美而被人们所珍爱罢了。

余在洛阳四见春：天圣九年三月始至洛①，其至也晚，见其晚者。明年②，会与友人梅圣俞游嵩山少室③、缑氏岭④、石唐山⑤、紫云洞，既还，不及见。又明年⑥，有悼亡之戚⑦，不暇见。又明年⑧，以留守推官岁满解去⑨，只见其早者。是未尝见其极盛时，然目之所瞩，已不胜其丽焉。

[注释]

①始至洛，集成本作"始至洛阳"。天圣九年：宋仁宗天圣九年（1031）。

②明年：宋仁宗明道元年（1032）。

③会：适逢，正好。梅圣俞：北宋著名诗人梅尧臣（1002—1060），字圣俞，与作者同年调至洛阳，时任河南县主簿。有《宛陵先生文集》传世。嵩山少室：即中岳嵩山，由太室山、少室山等山组成，在今河南登封市境内。

④缑（gōu）氏岭：又名缑山，在洛阳东偃师市境内。

⑤石唐山：《河南府志》："石堂（唐）山在少室西颍阳镇北，有石室名紫云洞。"

⑥又明年：指宋仁宗明道二年（1033）。

⑦悼亡之戚：丧妻之恸。悼亡，晋诗人潘岳妻病故，曾赋《悼亡诗》三首，后世因称丧妻为悼亡。明道二年三月，欧阳修年仅17岁的爱妻胥夫人病故。

⑧又明年：指宋仁宗景祐元年（1034）。

⑨留守推官：指任西京留守钱惟演的推官。推官，官名，宋在各州府置推官，掌司法事务。

[译文]

我在洛阳四见春天：天圣九年三月，初到洛阳任职，到时花事已过，只看到晚开的牡丹。次年春，适逢与友人梅圣俞游览嵩岳少室山、偃师缑山、颍阳石堂山、紫云洞，回到洛阳已赶不上看牡丹。第三年春，有丧妻之恸，无暇亦无心看牡丹。到第四年春，因任西京留守推官届满，解职离去，只看到早开的牡丹。就这样不曾看到盛开时的洛阳牡丹。虽然如此，我亲眼看见过的，已是数不胜数的奇丽了。

余居府中时①，尝谒钱思公于双桂楼下②，见一小屏立坐后，细书字满其上。思公指之曰："欲作花品，此是牡丹名，凡九十余种。"余时不暇读之③。然余所经见而今人多称者④，才三十许种，不知思公何从而得之多也。计其余虽有名而不著，未必佳也。故今所录，但取其特著者而次第之⑤：

姚黄	魏花	细叶寿安
鞓红（亦曰青州红）	牛家黄	潜溪绯
左花	献来红	叶底紫
鹤翎红	添色红	倒晕檀心
朱砂红	九蕊真珠	延州红
多叶紫	粗叶寿安	丹州红
莲花萼	一百五	鹿胎花
甘草黄	一撎红⑥	玉板白

[注释]

①府中：指西京留守钱惟演的府第里。

②谒：拜谒，晋见。钱思公：指钱惟演，北宋西昆派首领。时以节度使兼宰相的身份出任西京留守兼河南府尹，明道二年（1033）调离西京，景祐元年（1034）卒。先谥"文墨"，十月改谥曰"思"。因欧阳修的《洛阳牡丹记》写成于钱惟演改谥为"思"之后，因称钱为"思公"。双桂楼：钱惟演在其府第所建之楼。

③余时不暇读，香艳本作"余固不暇读"。

④然余所经见，集成本作"然余之所经见"。

⑤次第之：以等次记录。

⑥一撎（yè）红：此品种，周师厚《洛阳花木记》作"一捻红"。撎，

《玉篇·手部》："𢭏，指按也。亦作擪。"捻，一读 niǎn，用手指搓转；一读 niē，《集韵·屑韵》："捻，按也。"《文子·上德》："使倡吹竽，使工捻窍。"根据此花品的释意，或按欧《记》读为"一擪（yè）红"，或按周《记》读为"一捻（niē）红"，不应误读为"一捻（niǎn）红"。

[译文]

我居西京留守府时，曾在双桂楼下晋见钱思公，见他座位后立一小屏风，上面写满小字。思公指着屏风说："我打算写一卷《花品》，这上面是牡丹的名字，共九十多种。"我当时没工夫详细阅读。可是经我看到又被今人称道的牡丹，才三十来种样子，不知思公从何处得到这么多花名。估计他多出的虽有花名而不著称，未必是最佳品种。所以我今所收录的，只取其特别著名的按其品位等次一一记录下来：（略）

花释名第二①

牡丹之名②，或以氏，或以州，或以地，或以色，或旌其所异者而志之③。姚黄、左花、魏花，以姓著；青州、丹州、延州红，以州著；细叶、粗叶寿安、潜溪绯，以地著；一擪红、鹤翎红、朱砂红、玉板白、多叶紫、甘草黄，以色著；献来红、添色红、九蕊真珠、鹿胎花、倒晕檀心、莲花萼、一百五、叶底紫，皆志其异者。

[注释]

①花释名：洛阳牡丹花名解释。

②名：命名。

③异者：奇异处。志：记。

[译文]

　　洛阳牡丹的命名，有的用养花人的姓氏，有的用其出产的州，有的用其出产的地方，有的用花的颜色，有的用表示它的奇异处来记它。姚黄、左花、魏花，用养花人的姓命名；青州、丹州、延州红，用其出产的州命名；细叶、粗叶寿安，潜溪绯，用其产地命名；一撮红、鹤翎红、朱砂红、玉板白、多叶紫、甘草黄，用花的颜色命名；献来红、添色红、九蕊真珠、鹿胎花、倒晕檀心、莲花萼、一百五、叶底紫，都是以记它们的奇异处来命名。

　　姚黄者，千叶黄花①，出于民姚氏家。此花之出，于今未十年②。姚氏居白司马坡，其地属河阳③。然花不传河阳传洛阳，洛阳亦不甚多，一岁不过数朵。

　　牛黄④，亦千叶，出于民牛氏家。比姚黄差小⑤。真宗祀汾阴还，过洛阳⑥，留宴淑景亭，牛氏献此花，名遂著。

　　甘草黄，单叶⑦，色如甘草⑧。洛人善别花，见其树知为某花云⑨。独姚黄易识⑩，其叶嚼之不腥。

姚　黄

魏家花者，千叶肉红花[11]，出于魏相仁溥家[12]。始樵者于寿安山中见之，斫以卖魏氏。魏氏池馆甚大，传者云此花初出时，人有欲阅者，人税十数钱[13]，乃得登舟渡池至花所，魏氏日收十数缗[14]。其后破亡，鬻其园。今普明寺后林池乃其地，寺僧耕之以植桑麦。花传民家甚多，人有数其叶者，云至七百叶。钱思公尝曰："人谓牡丹花王，今姚黄直可为王，而魏花乃后也。"

鞓红者[15]，单叶深红花，出青州，亦曰青州红[16]。故张仆射齐贤有第西京贤相坊[17]，自青州以馲驼驮其种[18]，遂传洛中，其色类腰带鞓，谓之鞓红。

献来红者，大，多叶浅红花[19]。张仆射罢相居洛阳，人有献此花者，因曰献来红。

添色红者，多叶，花始开而白，经日渐红，至其落乃类深红。此造化之尤巧者[20]。

鹤翎红者，多叶花其末白而本肉红[21]，如鸿鹄羽色[22]。

细叶、粗叶寿安者[23]，皆千叶肉红花，出寿安县锦屏山中，细叶者尤佳。

魏　花

清　邹一桂　《魏紫》　立轴　绢本　工笔设色
纵 58 厘米　横 40 厘米　河北博物馆藏

　　倒晕檀心者^㉔，多叶红花。凡花近萼色深^㉕，至其末渐浅。此花自外深色，近萼反浅白，而深檀点其心，此尤可爱。

　　一撮红者，多叶浅红花。叶杪深红一点^㉖，如人以三指撮之。

　　九蕊真珠红者，千叶红花。叶上有一白点如珠，而叶密，蹙其蕊为九丛^㉗。

[注释]

　　①千叶：在我国古代典籍中，习称花瓣为"叶"，凡有多轮重叠花瓣的花称"千叶"。重瓣花是由雄蕊、雌蕊的瓣化而形成的重瓣花冠。

　　②于今，原作"于本"，据说郛本、集成本、香艳本、全宋文改。

③河阳：古县名，治今河南孟州西。

④牛黄，集成本作"牛家黄"。

⑤差：略微，稍稍。

⑥"真宗祀汾阴还"二句：宋真宗赵恒于大中祥符四年（1011）二月辛酉诣脽（shuí）丘（在今山西万荣县境）祀后土祠，奉天书于神坐之左，以太祖、太宗并配。壬戌作《汾阴二圣配飨铭》。三月还，戊寅入西京（洛阳）。

⑦单叶：单瓣牡丹花。

⑧甘草：药草名。根茎入药，性平和，味甘。

⑨树：牡丹为木本植物，某些品种树性强，其植株高大如树。《聊斋志异·葛巾》中就有"牡丹一本，高与檐等"的描写。

⑩独姚黄易识：此条释"甘草黄"花名，却说"独姚黄易识"，意不连贯。疑"姚黄"为"甘草黄"之误，俟考。

⑪肉红：似人肌肤的一种浅红色。周《记》："寿安有二种，皆千叶，肉红花也。"

⑫魏相仁溥：《宋史》有传，作"魏仁溥"，字道济，卫州汲人。五代后周世宗时为相。入宋，进位右仆射，洛阳有宅。卒，赠侍中。周《记》作"晋相魏仁溥"，误。

⑬税：税收。此指收取。

⑭缗（mín）：成串的钱，一千钱为一缗。

⑮鞓（tīng）红：宋代官服所系红腰带的颜色。《宋史·舆服志五》："诸军将校，并服红鞓。"鞓，皮带。

⑯亦曰，说郛本、集成本、香艳本作"一曰"。

⑰仆射（yè）：官名。起于秦代。唐代仆射即尚书省长官。宋沿唐制，元丰改以左、右仆射充宰相之职。张齐贤（934—1006）：字师亮。曹州人，后徙居洛阳。太祖幸西都，以布衣献十策。真宗时任相，以司空致仕。得唐相裴度午桥庄，日与故旧游钓其间。《宋史》有传。

⑱駞（tuō）驼：即骆驼。《北齐书·文宣帝纪》："时乘駞驼牛驴。"

⑲多叶：又称"百叶"，指半重瓣牡丹花。

⑳尤巧者，说郛本、集成本、香艳本作"尤巧也"。

㉑末：指花瓣的边沿处，也有称"外"、"杪"、"唇"的。本：指花瓣的下部，也有称"基部"、"近萼处"的。

㉒羽色，说郛本、集成本、香艳本作"羽毛色"。鸿鹄（hú）：即天鹅。

㉓寿安：县名，治今河南宜阳县。《元丰九域志》卷一："西京，河南府，河南郡……寿安，京西南七十六里……有锦屏山……"

㉔倒晕：花瓣上部色深下部色渐浅者，反之，称"正晕"。檀心：花瓣基部带有色斑者。

㉕萼：在花瓣下部外轮一圈呈叶状的绿色小片，在花芽期有保护作用。

㉖叶杪（miǎo）：花瓣末端、边沿。杪，树梢。

㉗蹙其蕊为九丛，集成本作"戚其蕊焉"。

[译文]

姚黄，重瓣黄色牡丹，出于民间姚姓人家。此花新出至今不到十年。姚家住在白司马坡，那个地方属河阳县。可是姚黄不传河阳却流传到洛阳，在洛阳也不甚多，每年开花不过数朵而已。

牛黄，也是重瓣黄色牡丹，出于民间牛姓人家。花朵比姚黄略小些。真宗皇帝从山西汾阴祭祀回京时，路过洛阳，留住在淑景亭举行盛宴，牛家把此花献给真宗皇帝，于是"牛家黄"因此著名。

甘草黄，单瓣牡丹，颜色像甘草。洛阳人善于辨别牡丹的品种，一看那如树般的植株就知道是什么花。独甘草黄最容易识别，因它的叶子嚼着没有草腥味。

魏家花，重瓣肉红色牡丹，出于五代后周宰相魏仁溥家。最初是打柴人在寿安县山里见到这种花，砍下来卖给魏相家（供嫁接）。魏家花园的池塘馆舍很大，传说此花初开时，有想要观赏的人，每人收取十多个钱，才得以登上船渡过池塘到达种花的地方，魏家每天能收十多串成千的钱。后来魏家破落衰亡，把花园卖掉。现在普明寺后面那片树林水池就是它的旧址，普明寺僧人耕地栽桑种麦。魏花流传到民间很多，有人数过它的花瓣说有七百片之多。钱思公曾说："人们说牡丹为百花之王，现在姚黄真可称作王中之王，而魏花就是皇后啊！"

鞓红，单瓣深红色牡丹，产于青州，也叫青州红。已故宰相张齐贤有府第在洛阳贤相坊，当年用骆驼从青州驮来青州红，于是此品种传到洛阳来。它的颜色类似官服腰间皮带的红色，就称它为鞓红。

献来红，花朵大，半重瓣浅红色牡丹。张齐贤宰相罢相后闲居洛阳，有人把此花献给他，因此叫献来红。

添色红，半重瓣牡丹，花初开时为白色，经日照渐渐变红，到它凋谢落花时节就近似深红色。这是大自然的奇巧功力所致。

鹤翎红，半重瓣牡丹，花瓣的末端呈白色，而到花瓣的基部则为近似肌肤的浅红色，如天鹅羽毛的颜色。

细叶、粗叶寿安，都是重瓣肉红色牡丹，出自寿安县的锦屏山里，两种相比细叶寿安更美丽。

倒晕檀心，半重瓣红色牡丹。凡是花瓣大都近花萼处颜色较深，而到花瓣的边梢颜色就渐渐变浅。这种花则是花瓣边梢颜色较深，而到基部近花萼处反倒变得浅白，还有深绛色的点点色斑，这尤其可爱。

一撮红，半重瓣浅红色牡丹。在花瓣的上端有个深红色的点，像人用中指按的胭脂。

九蕊真珠红，重瓣红色牡丹。花瓣上有一个真珠般白点，花瓣稠密，花蕊紧凑丛集九堆。

一百五者，多叶白花。洛花以谷雨为开候，而此花常至一百五日开①，最先。

丹州、延州花者，皆千叶红花。不知其至洛之因。

莲花萼者，多叶红花。青跌三重②，如莲花萼。

左花者，千叶紫花③。叶密而齐如截，亦谓之平头紫④。

朱砂红者，多叶红花，不知其所出。有民门氏子者，善接花以为生⑤，买地于崇德寺前，治花圃，有此花。洛阳豪家尚未有，故其名未甚著。花叶甚鲜，向日视之如猩血⑥。

一百五

叶底紫者，千叶紫花。其色如墨，亦谓之墨紫。花在丛中，旁必生一大枝，引叶覆其上。其开也，比他花可延十日之久。噫！造物者亦惜之耶！此花之出，比他花最远。传云：唐末有中官为观军容使者⑦，花出其家，亦谓之军容紫，岁久失其姓氏矣。

玉板白者，单叶白花。叶细长如拍板⑧，其色如玉而深檀心，洛阳人家亦少有。余尝从思公至福严院见之，问寺僧而得其名，其后未尝见也。

潜溪绯者，千叶绯花，出于潜溪寺。寺在龙门山后，本唐相李藩别墅⑨。今寺中已无此花，而人家或有之。本是紫花，忽于丛中特出绯者，不过一二朵，明年移在他枝，洛人谓之转枝花，故其接头尤难得⑩。

鹿胎花者，多叶紫花。有白点，如鹿胎之纹，故苏相禹珪宅今有之⑪。

多叶紫，不知其所出。

朱砂红

　　初，姚黄未出时，牛黄为第一；牛黄未出时，魏花为第一；魏花未出时，左花为第一；左花之前，唯有苏家红、贺家红、林家红之类，皆单叶花，当时为第一。自多叶、千叶花出后，此花黜矣⑫，今人不复种也。牡丹初不载文字，唯以药载《本草》⑬，然于花中不为高第，大抵丹、延已西及褒斜道中尤多⑭，与荆棘无异，土人皆取以为薪。自唐则天已后⑮，洛阳牡丹始盛，然未闻有以名著者⑯。如沈、宋、元、白之流⑰，皆善咏花草，计有若今之异者，彼必形于篇咏，而寂无传焉。唯刘梦得有《咏鱼朝恩宅牡丹》诗⑱，但云"一丛千万朵"而已，亦不云其美且异也。谢灵运言永嘉竹间水际多牡丹⑲，今越花不及洛阳甚远，是洛花自古未有若今之盛也。

[注释]

①常至一百五日开：洛阳牡丹一般在谷雨开花，故又叫"谷雨花"。而此花早在清明节前的寒食就开花。宗懔《荆楚岁时记》："去冬节（即冬至）一百五日，即有疾风甚雨，谓之寒食。"故称此花"一百五"，因它比一般牡丹早开半月，故曰"最先"。

②跗（fū）：通"柎"，花萼。《山海经·西山经》："（崇吾之山）有木焉，员叶而白柎。"郭璞注："一曰：柎，花下鄂（萼）。"

③"千叶紫花"下，全宋文有"出民左氏家"句。

④平头：花冠顶部整齐，平展如截。

⑤接花：嫁接牡丹。生：生计。

⑥猩血：猩红色。陆游《雨霁春色粲然喜而有赋》："万枝猩血海棠红。"

⑦中官：宦官。观军容使：官名。唐置，为监视出征将帅的最高军职，以宦官充任。

⑧拍板：中国击乐器。唐宋时的拍板是六或九片木板，以两手合击发音。

⑨李藩：字叔翰，赵州（今河北赵县）人。宪宗元和时拜门下侍郎、同平章事，与权德舆同在中书，新、旧《唐书》有传。李藩别墅在龙门潜溪寺。《金石录》载："潜溪寺在洛阳龙门山北侧，地有溪谷之胜。为唐宰相李藩别墅。（杜）宣猷购得之，重加葺之焉。"

⑩接头：指牡丹嫁接时选用的接穗。这种接穗都要选择特定名贵品种或类型的牡丹的粗壮枝芽。

⑪苏相禹珪：五代后周宰相苏禹珪。广顺元年（951）罢相。封莒公，在密州（治今山东诸城）城北有别业，植芍药、牡丹，见苏轼《玉盘盂》诗引。盖其在洛阳亦有宅。

⑫黜（chù）：废除。

⑬药：芍药。《本草》：古代中药文献。

⑭褒斜（yé）道：古道路名。是关中通往巴蜀来往于秦岭南北的重要通道。

⑮则天：武则天，唐高宗后。高宗死后，武则天先后废中宗、睿宗，并自称圣神皇帝，改唐为周，定都洛阳。死后谥大圣则天皇后，遂称武则天。

洛阳牡丹兴盛始于武则天当政时。

⑯未闻有以名著者：指唐代牡丹都没有名字。

⑰沈、宋、元、白：唐代著名诗人沈佺期、宋之问、元稹、白居易。

⑱刘梦得：唐著名诗人刘禹锡，字梦得。

⑲谢灵运：南朝宋诗人。东晋名将谢玄之孙，晋时袭封康乐公，因此称谢康乐。入宋，曾任永嘉郡（治今浙江温州）太守，说过"永嘉竹间水际多牡丹"的话，被认为是中国牡丹人工栽培的最早记载。

[译文]

一百五，半重瓣白色牡丹。洛阳牡丹在谷雨时候才是开花时节，而此花常在寒食就开花，距冬节一百零五天，开花最早。

丹州红、延州红，都是重瓣红色牡丹。不知是什么原因使它们流传到洛阳。

莲花萼，半重瓣红色牡丹。花冠外轮有三层青色的萼片，形如青绿色的莲花托着花朵儿。

左花，重瓣紫色牡丹。整个花朵花瓣密集平展，像刀裁的一样整齐，因此叫它平头紫。

朱砂红，半重瓣红色牡丹，不知原产于何地。民间有位姓门的花工，以善于嫁接牡丹为生计。他在崇德寺前买了一片土地，整治为花园，他的花园里有这种花。但洛阳富豪人家的花园里还没此品种，所以它的名字不甚著称。它的花瓣非常鲜艳，对着太阳看就像猩猩血一样鲜红。

叶底紫，重瓣紫色牡丹。花色如墨，因此也叫墨紫。它在花丛中绽放，旁边必然生出一大枝条，伸出绿叶覆盖在花朵上。其花期要比其他品种延长十天之久。噫！大自然也有意爱怜它吗？此花出生历史比其他牡丹悠久。传说：唐代末年有个宦官，位居权高势重的观军容使，此花出生在他家，所以也称它"军容紫"，因年代久远，已不知观军容使姓什么了。

玉板白，单瓣白色牡丹。花瓣细长像击乐器拍板的板片，颜色如白玉带有色斑。善种牡丹的洛阳人家也少有此品。我曾随从钱思公到福严院见过，问寺里僧人才知道它的名字，后来就再未看见过。

潜溪绯，重瓣红色牡丹，出于潜溪寺。寺在伊阙龙门山的后面，原来为唐朝宰相李藩的别墅。现在寺里已经没有这种牡丹，但在民间偶尔有它。本来是紫色花，忽然在花丛中特地长出红色花，不过一朵两朵罢了，第二年红花转到别的枝上开，洛阳人称它"转枝花"。它作为嫁接牡丹的接穗，尤其难得。

鹿胎花，半重瓣紫色牡丹。花瓣上有白点，就像梅花鹿胎儿身上的花纹。已故后周宰相苏禹珪的旧宅里有这种花。

多叶紫，这种牡丹不知出产在什么地方。

当初，姚黄未出现时，牛黄属第一；牛黄未出现时，魏花属第一；魏花未出现时，左花属第一；在左花之前，只有苏家红、贺家红、林家红之类，都是单瓣牡丹，可在当时都属第一流品种的牡丹。自从半重瓣、重瓣牡丹出世后，这些品种都被淘汰废除了，现在人们已不再栽种。牡丹之名最初没有文字记载，只有芍药记在中药文献《本草》中，可是在花品当中芍药称不上高贵的品第。牡丹在丹州、延州以及关中巴蜀之间的褒斜古道中特别多，跟荆条酸枣树一样，都被当地人砍来当柴烧。自唐代武则天当政以后，洛阳牡丹才开始昌盛起来，可是从未听说过有用名字命名牡丹的。像沈佺期、宋之问、元稹、白居易之辈，都是善于吟咏花草的大家高手，我思量唐时牡丹若有现在这么多奇异品种，他们必然会形容吟咏在篇什里，然而却没有流传到现在。唯有刘禹锡在《咏鱼朝恩宅牡丹》诗中，仅说"一丛千万朵"而已，也没有具体说牡丹既美且异在什么地方呀。谢灵运说过"永嘉竹间水际多牡丹"的话，现在浙江一带的牡丹远远比不上洛阳牡丹，由此看来洛阳牡丹自古并没有像今天如此繁盛啊。

风俗记第三^①

洛阳之俗，大抵好花。春时城中无贵贱皆插花^②，虽负担者亦然^③。花开时，士庶竞为游遨，往往于古寺废宅有池台处为市，并张幄帟^④，笙歌之声相闻。最盛于月陂堤^⑤、张家园、棠棣坊、长寿寺东街与郭令宅^⑥，至花落乃罢。

洛阳至东京六驿，旧不进花，自今徐州李相迪为留守时始进御⑦。岁遣牙校一员⑧，乘驿马一日一夕至京师。所进不过姚黄、魏花三数朵，以菜叶实竹笼子藉覆之，使马上不动摇，以蜡封花蒂，乃数日不落。

大抵洛人家家有花而少大树者，盖其不接则不佳。春初时，洛人于寿安山中斫小栽子卖城中⑨，谓之山篦子，人家治地为畦塍种之⑩，至秋乃接。接花工尤著者一人⑪，谓之门园子⑫，豪家无不邀之。姚黄一接头直钱五千，秋时立券买之，至春见花乃归其直。洛人甚惜此花，不欲传。有权贵求其接头者，或以汤中蘸杀与之⑬。魏花初出时，接头亦直钱五千，今尚直一千。

接时须用社后重阳前⑭，过此不堪矣。花之本去地五七寸许截之，乃接，以泥封裹，用软土壅之，以蒻叶作庵子罩之⑮，不令见风日，唯南向留一小户以达气，至春乃去其覆，此接花之法也。用瓦亦可⑯。种花必择善地，尽去旧土，以细土用白敛末一斤和之⑰，盖牡丹根甜，多引虫食，白敛能杀虫，此种花之法也。浇花亦自有时，或用日未出，或日西时。九月旬日一浇，十月、十一月三日二日一浇，正月隔日一浇，二月一日一浇，此浇花之法也。一本发数朵者，择其小者去之，只留一二朵，谓之打剥⑱，惧分其脉也。花才落，便剪其枝，勿令结子，惧其易老也。春初既去蒻庵，便以棘数枝置花丛上，棘气暖，可以辟霜，不损花芽，他大树亦然，此养花之法也。花开渐小于旧者，盖有蠹虫损之，必寻其穴⑲，以硫黄簪之⑳。其旁又有小穴如针孔，乃虫所藏处，花工谓之气窗，以大针点硫黄末针之，虫既死㉑，花复盛，此医花之法也。乌贼鱼骨用以针花树㉒，入其肤，花树死，此花之忌也。

[注释]

①风俗记：有关洛阳牡丹风俗的记述。

②插花：簪戴牡丹花。

③负担者：背负肩挑的劳动者。

④并，说郛本、集成本、香艳本、全宋文作"井"。此句与上句，说郛本、集成本、香艳本、全宋文断句为："往往于古寺废宅有池台处为市井，张幄帟。"幄帟（wò yì）：帷幕帐篷。

⑤月陂堤：《唐两京城坊考》卷五："北积善坊……坊北月陂。《河南图经》曰：洛水自苑内上阳宫南，弥漫东注。隋宇文恺版筑之，时因筑斜堤，束令水东北流，当水冲捺堰，作九折，形如偃月，谓之月陂。其西有上阳、积翠、月陂三堤。"

⑥长寿寺：《唐两京城坊考》卷五："履道坊"内有"长寿寺果园"。郭令宅：唐代中书令郭子仪旧宅。

⑦李相迪：宰相李迪。字复古，真宗、仁宗时曾拜吏部侍郎兼太子少傅，同中书门下平章事。张邦基《墨庄漫录》卷四亦谓："西京进花，自李迪相国始。"但苏轼谓宋代进御牡丹非始于李迪。其《荔枝叹》诗："洛阳相君忠孝家，可怜亦进姚黄花。"自注："洛阳贡花，自钱惟演始。"

⑧牙校：低级武官。

⑨斫（zhuó）：砍，斩。按：砍下来的"小栽子"不能栽种，是用作接本的，所以这里的"斫"，应是"挖"、"刨"的意思。小栽子：连同下文的"山篦子"，皆指野生山牡丹。

⑩畦塍（qí chéng）：俗称"畦"。田园中用土埂分界所形成的小区。

⑪接花工尤著者一人，此句全宋文无"一人"二字。

⑫谓之门园子，此句下，全宋文有小字注语："盖本姓东门氏，或是西门，俗但云门园子，亦犹今俗呼皇甫氏只云皇家也。"集成本此句下有"盖本姓东门氏"一句。

⑬汤中蘸（zhàn）杀：指把接穗先在开水中浸蘸一下，嫁接时不能成活。

⑭社后重阳前：古代祭祀土地神的日子叫"社日"，简称"社"。立秋后第五个戊日为秋社，立春后第五个戊日为春社。重阳，古以九为阳数，农历九月九日为"重阳"，又叫"重九"。

⑮蒻（ruò）叶：香蒲的嫩叶子。《急就篇》卷三"蒲蒻"颜注："蒻，

谓蒲之柔弱者也。"

⑯可，原作"奇"，据集成本、全宋文改。

⑰白敛（liǎn）：应作"白蔹"，亦称"鹅抱蛋"。有纺锤形根块，根入药，味苦辛，能杀虫。

⑱打剥：指牡丹栽培管理中的修枝、除芽、疏蕾诸项工作，去弱留强，以免耗费养分。

⑲穴，原作"冗"，误。据说郛本、集成本、香艳本、全宋文改。

⑳簪之：指用发簪、大针之类沾上硫黄插进虫穴。簪，用作动词。

㉑既，说郛本、集成本、香艳本、全宋文作"乃"。

㉒乌贼鱼骨：乌贼通称墨鱼。其头发达，有触腕一对，与体同长。介壳呈舟状，后端有针或无针，埋没外套膜中，俗称"乌贼骨"，中药称"海螵蛸"。

[译文]

洛阳风俗，人们大都喜爱牡丹。春天，城中无论贵贱，人们都爱簪戴牡丹花，即使背负肩挑的劳动者也一样。牡丹盛开时，高第寒门竞相游赏，常常在古寺废宅有水池亭台的地方开辟成花市，并张起帐篷帷幕，乐器歌唱声音不断。最热闹繁华的地方是月陂堤、张家园、棠棣坊、长寿寺东街和唐代中书令郭子仪旧宅等处，直到牡丹花凋谢才罢。

从洛阳到东京共设六个驿站，过去不向京城进贡牡丹，自从徐州李迪宰相任西京留守开始向皇帝上贡。每年派一员武官，乘专供运送的驿马，一天一夜赶到京城。进贡的不过三数朵姚黄、魏花，先用菜叶之类将装花的竹笼子周围塞满，上面用草垫覆盖着，使笼子里的花在马背上不致摇动，再用蜡封住花与枝茎连接的花蒂，于是盛开的牡丹，花瓣儿数日不会凋落。

大抵洛阳人家，家家都种植有牡丹，但很少长成牡丹树的，因不进行嫁接就生长不好。初春时节，洛阳有人从寿安山里挖刨出野生的山牡丹卖到城里，叫作"山篦子"。人们整地以埂为界划成小畦种上它，到秋天作接本进行嫁接。洛阳有个特别善于嫁接的花工叫"门园子"，富豪人家无不邀请他去嫁接牡丹。一棵姚黄的接穗价值五千钱，秋天签订合同买下接穗嫁接，到春天看到嫁接的牡丹开花了再交钱。洛阳人非常珍惜姚黄花品，不想轻易传人。那些有权势的富贵人家向他们索求接穗时，有人就把接穗在沸水中浸蘸一下再给他。魏花刚出来时，一株接穗值五千钱，至今还值一千钱。

嫁接的时间须在八月秋社后到九月重阳节前，过此时段就不行了。在牡丹的接本（砧木）离地五寸的地方截去，将接穗插入使两者接合，再用泥封裹好，以软土从四周壅围住，拿柔嫩的香蒲叶做成草庵罩在上面，不让风吹日晒，只在南面留一小口通气，到春天就去掉覆盖的草庵，这就是嫁接牡丹之法。用瓦作为覆盖物也可。种牡丹一定要选择最好的土地，除尽旧土，用细土与一斤白蔹末相掺和，大概因为牡丹的根味甜，容易招致虫食，而白蔹能毒死害虫，这是种牡丹之法。浇牡丹也自有一定时间，或者在太阳未出的黎明，或者在太阳西下的黄昏。九月十天浇一次，十月、十一月或三天或两天浇一次，正月隔天浇一次，到二月就得一天一浇，这是浇牡丹之法。一棵牡丹上开有数朵花的，选择开花小的剪去，只留下一枝开一两朵花的，这叫"打剥"，害怕分散地力养分。牡丹花刚落，便及时剪掉花枝，不让残花在枝头结子儿，怕牡丹耗力衰老（影响来年赏花）。初春时节，去掉盖在嫁接植株上的香蒲草庵后，便用数枝酸枣树枝置于花丛上，因酸枣树枝气性暖和，可以避霜寒，不致冻坏牡丹花芽，对其他牡丹树的保护也一样，这是养护牡丹之法。牡丹开花若渐渐小于往年花朵的，大概有害虫损害它，一定要找到虫穴，用簪沾硫黄插进去。牡丹棵旁有小洞如针孔，就是害虫藏身的地方，花工叫它"气窗"，用大针头点上硫黄去刺它，害虫就死了，牡丹还会盛开，这是为牡丹治病之法。用"乌贼鱼骨"去刺牡丹树枝干，刺入表皮，牡丹花树就会死掉，这是牡丹的大忌啊。

[点评]

欧阳修是北宋著名政治家、文学家、史学家。他于宋仁宗景祐元年（1034）撰写的《洛阳牡丹记》是流传至今我国最早的研究牡丹的专著。在中国花木史上，除西晋人嵇含的《南方草木状》（有人认为是宋人采辑诸书而成）、南朝宋人戴凯之的《竹谱》、南朝齐梁间人的《魏王花木志》和唐人李德裕的《平泉山居草木记》等少数花木谱记外，欧阳修的《洛阳牡丹记》应是最早的花木著述了。特别是他为原产地在中国、远播世界、名扬天下、被国人尊称为"花王"的牡丹志谱立传，意义更非同一般，在中国古代科学技术发展史上占有重要地位，为中国乃至世界花卉史涂上了浓墨重彩的一笔，真应给欧公再戴一顶花木家的桂冠。

洛阳居"天地之中"，古称"善地"，不仅是中国古代政治、经济、文化的中心，还是一座世界级的花园式大都市。因地处中原，气候温和，地质肥厚，雨量适中，特具利于植物生长的得天独厚的条件。欧公说过："洛阳地脉花最宜，牡丹尤为天下奇。"大业元年（605），隋炀帝营建东都洛阳，修筑西苑，诏令天下进御花卉，易州进牡丹二十箱，这是牡丹从民间、野生状态迈入皇家园林之始，也是洛阳牡丹史光辉的一页。与牡丹结缘甚深的武则天改唐为周，定洛阳为神都，使牡丹在洛阳迅速兴盛起来。唐宋时代造园栽花之风大炽，唐代的东都，私家花园很多，犹以三位名相裴度的绿野堂、李德裕的平泉庄和牛僧孺的南溪别墅为最。北宋西京，是高官显宦休闲养老的胜地，承袭唐代遗风，更是私园林立，李格非《洛阳名园记》有精彩描述。因自然条件和社会原因，北宋时的洛阳已成为中国乃至世界的牡丹栽培中心，悠久的牡丹栽培史和浓厚的牡丹文化氛围，为欧阳修撰写《洛阳牡丹记》提供了客观物质基础。

欧阳修于仁宗天圣九年（1031）至景祐元年（1034）在洛阳任西京留守钱惟演的推官三年。此时宋王朝已经进入稳定繁荣时期。洛阳牡丹的栽培也步入鼎盛期。碰巧的是欧阳修的顶头上司钱惟演恰又是位挚爱牡丹的文化名人，他曾下功夫考察过牡丹，掌握牡丹品种已达九十余种，并一一细书在他双桂楼办公处的屏风上，连欧阳修都惊诧："不知思公何从而得之多也。"他还计划写一卷《花品》，由于政治斗争，钱留守于明道二年（1033）被撤销同中书门下平章事（宰相衔），调离西京，于次年病逝，未能如愿以偿，但他对洛阳牡丹的热爱之情对年轻下属欧阳修产生了重要影响。

洛阳是欧阳修一生辉煌事业的起点。刚刚步入仕途的欧阳修，在洛阳不仅结识了谢绛、富弼、张先、尹源等一批洛中豪俊，还和志在诗文革新的尹洙、梅尧臣、杨愈、王复等结下深厚友谊。在政坛、文坛崭露头角的欧阳修把主要精力用在对时政的关心和对古文写作理论的宣传上，为后来的政治革新和文学革新蓄势，尽管种种原因使他未能在牡丹盛期观赏洛阳牡丹，但

清 李鱓 《国香国色》 堂幅 纸本墨
笔 纵157．5厘米 横57厘米 浙江省镇
江博物馆藏

作为牡丹之都，触目盈眼无处不牡丹，"然目之所瞩，已不胜其丽焉"。这位才华横溢而又精力充沛的文坛新秀，对洛阳牡丹怀有深情厚爱，"我时年才二十余"，"每到花开如蛱蝶"（《谢观文王尚书惠西京牡丹》），所以他对洛阳牡丹名品，如数家珍。加上他学术敏感、处处留心以及洛阳牡丹文化的历史积淀和浓厚氛围，顶头上司的影响、启迪，使他在离开洛阳的当年十月，便在汴京馆阁校勘任上写出了《洛阳牡丹记》，完成了钱惟演的遗愿，也算是欧阳修对礼贤下士有提携之恩的钱思公的回报和纪念吧，那年他28岁。

欧阳修《洛阳牡丹记》的成就，主要有以下几个方面。

一、原创性。欧《记》是中国牡丹专谱的开山之作，其发凡起例之功影响深远。中国是花卉王国，花卉种类数以千万计，但被志谱立传的不过数种传统名花而已，在传统名花的谱记中又以牡丹谱记最多。这些谱记有的仅知其名，有的连名字都不知道，只是从前人的著述中知道有某人、某谱记牡丹若干种而已。如早于欧《记》署名仲休的《越中牡丹花品》记越地牡丹"其绝丽者三十二种"，无名氏《冀王宫花品》记花"五十种分为三等九品"，《范尚书牡丹谱》记洛阳牡丹52品（见周师厚《洛阳花木记·序》），此三书早佚。再如有客（可能即张峋）寄给欧阳修的《洛阳牡丹图》谱、熙宁中杭州太守沈立所著十卷《牡丹记》，也都失传了，只有苏轼写的《牡丹记叙》流传至今。其他如赵郡李述著《庆历花品》叙吴中牡丹之盛列42品（见吴曾《能改斋漫录》），严郡伯著《亳州牡丹谱》列牡丹101种（见薛凤翔《亳州牡丹史·本纪》）等，今天都看不到了，难知其详。就我们今天所看到的牡丹谱记，无论长篇短制，大都奉欧《记》为圭臬，作为仿效修谱撰记的范例。如周师厚《洛阳花木记·叙牡丹》（即常说的周氏《洛阳牡丹记》）、陆游的《天彭牡丹谱》、薛凤翔的《亳州牡丹史》、余鹏年的《曹州牡丹谱》、计楠的《牡丹谱》，一般都是自序在前，叙说修谱撰记的缘由、经过，并录出花品若干，继而诠释花品次第、色态姿容、产地所自、奇异之处、命名由来，最后述说该地与牡丹相关的风俗习尚、栽培管理牡丹的经验及相关资料。薛凤翔的《亳州牡丹史》是一部洋洋大观的牡丹专著，但其总体架构也与欧《记》相类。薛《史》中的《本纪》、《牡丹表一·花之品》，相当于欧《记》的《花品叙》，薛《史》中的《传》，相当于欧《记》的《花释名》，薛《史》中的《牡丹八书》、《纪风俗》、《花考》则相当于欧《记》的《风俗记》。《四库全书总目提要》称："盖本欧阳修谱而推广之。"至于张邦基的《陈州牡丹记》，只是张氏有关牡丹见闻的一则纪事，不是有意为牡丹撰谱，题目也是后人所加，自然另当别论。而陆游《天彭牡丹谱》的体例与欧《记》完全相同。在欧阳修《洛阳牡丹记》影响下，为牡丹撰谱的后人纷至沓来，代有所出。

二、丰富性。欧阳修的《洛阳牡丹记》记述了"今为天下第一"的洛阳牡丹的花色之美、品种之多、发展脉络、盛衰之由、野生分布、传洛之因、花品次第、花容色态、花名由来、命名方法、贵豪园圃、花工名人、奇妙变异、莳花艺枝、花市盛况、买卖花值、进御贡上、保鲜运储、赏花风俗、爱花习性以及洛人在择地、栽培、嫁接、育种、浇水、疏蕾、除害、防冻等方面管理养护牡丹的经验，为北宋前期洛阳牡丹留下一份全面系统的珍贵文献。如记洛阳牡丹花色之美，用反衬法先举他州牡丹"皆彼土之尤杰者"，"然来洛阳，才得备众花之一种，列第不出三已下"；如记品种之多，写思公双桂楼屏风上已列牡丹名"九十余种"，"取其特著者"亦有 24 品；如记牡丹的命名方法，总结出"或以氏，或以州，或以地，或色，或旌其所异者而志之"，并一一举例说明；如记发展脉络，盛衰之由，写"初，姚黄未出时，牛黄为第一；牛黄未出时，魏花为第一；魏花未出时，左花为第一；左花之前，唯有苏家红、贺家红、林家红之类，皆单叶花，当时为第一"，由于生物演进中的优胜劣汰，"自多叶、千叶花出后，此花（单叶）黜矣，今人不复种也"；如记赏花风俗，写"洛阳之俗，大抵好花。春时城中无贵贱皆插花，虽负担者亦然"。如此等等，方方面面，全方位收录，观察深入，记述全面，内容丰富多彩，极具史料价值。

三、科学性。欧阳修《洛阳牡丹记》是作者以学者身份根据耳闻目睹的亲身经历，把当时洛阳牡丹的发展盛况、品种变异和育种途径、花型演进趋势及花工总结出的牡丹栽培经验忠实记录下来，符合牡丹演化过程中遗传变异规律和繁殖栽培技术当时所达到的高度，可以作为牡丹发展的信史和牡丹生物学的科学论著阅读，对中国花卉学、品种学、栽培学作出了重要贡献。

宋代牡丹繁殖栽培技术有重大发展，特别是接穗嫁接达到前所未有的水平，善于嫁接的能工巧匠不断出现。李格非《洛阳名园记·李氏仁丰园》："今洛阳良工巧匠，批红判白，接以他木，与造化争奇，故岁岁益奇且广。"早于李《记》的欧《记》已经指出"大抵洛人家家有花而少大树者，盖其不接则不佳"，认识到嫁接的重要性。欧《记》里写洛阳已出现"善接花以为生"的专业户，如"有民门氏子者"，他嫁接的朱砂红，"花叶甚鲜，向日视之如猩血"。最著名的接花工叫"门园子"，偌大的洛阳城，他是技艺"尤著者"第"一人"，"豪家无不邀之"。当时的"接花"业务已经商业化，明码标价，订立契约合同，"秋时立券买之，至春见花乃归其直"，"姚黄一接头直钱五千"。接花工已有技术保密意识，对名贵稀见的品种如姚黄，"洛人甚惜此花，不欲传"。当权贵凭势索求"接头"时，他们"或以汤中蘸杀与之"。其嫁接时间、方法都有详细记述，经验十分宝贵，有些至今还在应用。

由于环境条件、营养条件等多种因素影响，牡丹会偶然出现变异，生长出非同寻常的花朵或出现奇异现象，如欧《记》写潜溪绯，"本是紫花，忽于丛中特出绯者，不过一二朵，明年移在他枝"；写叶底紫，"花在丛中，旁必生一大枝，引叶覆其上。其开也，比他花可延十日之久"。这种"忽于丛中特出"、"明年移在他枝"、开花"可延十日之久"，就是"突变"，表现出生物物种的多样性，如不能及时用嫁接方法固定"突然"间的变异，就会失去一个新的物种。欧《记》说明宋人对牡丹遗传变异规律已有新认识，由于当时对牡丹品种选育和嫁接繁殖经验有科学总结，洛阳已荟萃了全国各牡丹产地的精品，为中原牡丹种群的多元起源论提供了历史依据。

四、文学性。欧阳修是宋代文学大家，他写《洛阳牡丹记》时，初登文坛不久，正在苦心钻研古文，力矫时文，为倡导诗文革新作理论和实践上的准备。《洛阳牡丹记》是一篇学术性杂记，和他洛阳居官时写的《伐树记》、《戕竹记》、《丛翠亭记》、《非非堂记》、《送梅圣俞归河阳序》等散文一样，都是他倡导古文写作的文学主张的具体体现，行文朴实古雅、平易自然、简质有条，没有深奥艰涩、骈词俪句之习，正如《欧阳文公语录》所评："欧阳公文字好者，只是靠实而有条理也。"欧《记》中有议论，如对洛阳牡丹奇丽是因"盖天地之中，草木之华得中气之和者多，故独与他方异"之说的论辩；有描述，如对二十四花品色态姿容及花名由来的描绘；有记叙，如对洛人种花、赏花习俗及接植栽灌经验的叙说。有条有理地诉诸笔端，充满深情地为洛阳牡丹志谱立传，给人留下深刻印象。像"天下真花独牡丹"的赞颂已成千古名言，像"洛阳牡丹甲天下"的美誉，就是人们从欧《记》中牡丹"出洛阳者，今为天下第一"的论断概括出来的，今已成了世人的共识。

《洛阳牡丹记》于欧阳修在世时就已影响很大，已有刻本出现，还出现冒名伪作。《四库全书总目提要》说：北宋大书家、学者"蔡襄尝著而刻之于家，以拓本遗修，修自为跋"。南宋周必大作《欧集考异》，称当时士大夫家有欧阳修《牡丹谱》印本，盖出假托，说明宋代就已经出现"盗版"书了。奇怪的是元人修《宋史·艺文志》，竟把盗版伪作当真品著录："欧阳修《牡丹谱》一卷。""而不称《牡丹记》，盖已误承其伪矣。"这也从反面说明欧《记》影响之巨。

洛阳花木记·牡丹记

〔宋〕 周师厚 著

《洛阳花木记》一卷，宋周师厚撰，载涵芬楼《说郛》卷二十六，误题撰者周叙。宛委山堂《说郛》所载《洛阳牡丹记》是周氏《洛阳花木记》的《叙牡丹》部分，题目为后人所加。

周师厚（？—1087），字敦夫，鄞江（今浙江宁波市）人。周造之子，范仲淹之婿，周处厚之弟。少从邑人鄞江先生王致（字君一）游，仁宗皇祐五年（1053）与郑獬同榜进士及第。初为衢州西安令，后由制置三司条例司提举湖北常平，迁荆湖南路转运判官。时役法方行，师厚言四方风俗不同而役有劳逸轻重，不宜一概赋，朝廷以为是。又逢溪洞蛮扰辰州（治今湖南沅陵）、沅州（治今湖南芷江），章惇议发常平（古时为调节粮价而设置的粮仓叫"常平仓"）粟为军需，师厚力持不可。认为溪獠啸聚无常，而常平仓每年收入有限，主张边卒应屯田（利用士兵垦耕荒地以取军需）自用，而以常平粟惠民，朝议用师厚策。神宗元丰四年（1081）通判河南府（治今洛阳市），后又通判保州（治今河北保定），仕至朝散郎。元祐二年（1087）四月十日卒。其姻亲范纯仁（范仲淹次子）撰《祭周朝散文》，称赞他有德行："生德则丰，孝友自少，仁义积躬，纯懿之行，乡党式宗"；有文采："错综之文，士服其工"；有政绩："奋于清朝，寔有成绩，所至必显，厥闻无斁"。其任官之地如洛阳、保定，口碑甚佳："少尹西都，监州朔方，有政有议，不柔不刚"；感叹上天不淑，使仁者早逝："仁宜有年，德宜有位，曾未耆耋，俄惊川逝。……曰天佑善，胡斯不淑。"以上引文参看《续通鉴长编》卷二六七，宝庆、延祐《四明志》卷四，《范忠宣集》卷一〇《祭周朝散文》。

师厚性喜花木，尤爱洛阳牡丹。熙宁（1068—1077）中某年三月探望倅官绛州（今山西新绛）的长兄周处厚，途经洛阳，游禅院佛寺、花园名圃，初见洛阳牡丹，始信"甲天下"之名不虚传。因限于官假，未能从容。元丰四年（1081）出为河南府通判，"吏事之暇，因得从容游赏，居岁余"，终于在元丰五年（1082）写成《洛阳花木记》一卷，成为我国古代重要的花木著作。

本书节录《洛阳花木记》中《叙牡丹》部分，题作《洛阳花木记·牡丹记》，即旧称《洛阳牡丹记》，以涵芬楼铅印《说郛》本为底本，以宛委山堂《说郛》本（简称宛委说郛），《古今图书集成·草木典》卷二八七《牡丹部》（简称集成本），上海中国图书公司印行的《香艳丛书》第十集（简称香艳本），上海辞书出版社、安徽教育出版社出版的《全宋文》卷一五一四（简称全宋文），中州古籍出版社出版的《洛阳市志·牡丹志》（简称洛阳志）为参校本，点校、注译。

元　沈孟坚　《牡丹蝴蝶》　绢本　着色　纵26.9厘米　横27厘米
日本东京国立博物馆藏

序[1]

宋　周叙鄞江人[2]

予少时，闻洛阳花卉之盛甲于天下，尝恨皆未能尽观其繁盛妍丽[3]，窃有憾焉。熙宁中，长兄倅绛[4]，因至东都谒告往省亲[5]，三月过洛阳[6]，始得游精蓝名圃[7]，赏及牡丹[8]，然后信向之所闻为不虚矣[9]。会迫于官期[10]，不得从容游览，然目之所阅者，天下之所未有也[11]。元丰四年[12]，予佐官于洛[13]，吏事之暇，因得从容游赏[14]，居岁余矣。甲第名园百未游其十数[15]，奇花异卉十未睹其四五。于是博求谱录，得唐李卫公《平泉花木记》[16]，范尚书、欧阳参政二谱[17]，按名寻访[18]，十始见其七八焉。然范公所述者五十二品[19]，可考者才三十八；欧之所录者二篇而已[20]。其叙钱思公双桂楼下小屏中所录九十余种[21]，但概言其略耳。至于花之名品[22]，则莫得而见焉。因以余耳目之所闻见及近世所出新花，参校二贤所录者[23]，凡百余品。其亦殚于此乎[24]？然前贤之所记与天下之所知者[25]，止于牡丹而已[26]，至于芍药，天下必以维扬为称首[27]，然而知洛之所植其名品不减维扬[28]，而开头之种殆不如也[29]。又若天下四方所产珍丛佳卉得一于园馆[30]，足以为美景异致者[31]，洛中靡不兼有之[32]。然天下之人徒知洛土之宜花[33]，而未知洛阳衣冠之渊薮[34]，王公将相之园第鳞次而栉比[35]。其宦于四方者，舟运车辇取之于穷山远徼[36]，而又得沃美之土与洛人之好事者又善植[37]，此所以天下莫能拟其美且盛也。今摭旧谱之所未载[38]，得芍药四十余品，杂花二百六十余品叙于后，非敢贻诸好事者[39]，将以待退居灌园[40]，按谱而求其可致者[41]，以备亭馆之植云尔[42]。元丰五年二月鄞江周序[43]。

[注释]

①是《谱》题目《洛阳花木记·牡丹记》为本书编者所加，理由详后。

②此处署名当是陶宗仪误题，说明详后。

③尝，洛阳志作"常"。

④长兄：当指周处厚，时任绛州通判。倅（cuì）：副职。绛（jiàng）：绛州，治今山西新绛县。

⑤至，原作"自"，据全宋文改；省亲，原作"省遍观"，据宛委说郛、全宋文改。谒告：告假。

⑥三月过洛阳前有"徧观"二字，据宛委说郛、全宋文改。

⑦精蓝：佛寺，禅院。精，精进，佛教六度之一；蓝，伽蓝。

⑧赏及牡丹，原作"赏所谓牡丹者"，据宛委说郛、全宋文改。

⑨信向之所闻，宛委说郛、全宋文作"信谓向之所闻"。

⑩会：会当。迫：紧迫。官期：官假日期。

⑪"然目之所阅者"二句，宛委说郛、全宋文无。

⑫元丰四年：1081 年。

⑬佐官，宛委说郛、全宋文作"莅官"。佐：其义同"倅"，副职。师厚时任河南府（治今洛阳市）通判。

⑭从"因得从容游赏"到"奇花异卉十未睹其四五"四句，宛委说郛、全宋文无。

⑮甲第：高官显贵的宅第。

⑯李卫公：唐名相李德裕，封卫国公。《旧唐书》本传称李德裕于东都"伊阙南置平泉别墅，清流翠筱，树石幽奇"。唐开成五年（840）撰《平泉草木记》，又题作《平泉花木记》。

⑰范尚书：自宋以来，未详"范尚书"是谁。今考当为范仲淹，详见附录。欧阳参政：指欧阳修，官至枢密副使、参知政事。二谱：指范之《范尚书牡丹谱》（已佚，未见著录），欧之《洛阳牡丹记》。

⑱寻访，宛委说郛、全宋文作"寻讨"。

⑲范公所述者，宛委说郛、全宋文作"范公所述"。

⑳欧之所录者二篇：指欧《记》中《花品叙》、《花释名》二篇所列24品。

㉑钱思公、双桂楼：参看欧记之《花品叙第一》注。

㉒名品：名称、品第。

㉓二贤，宛委说郛、全宋文作"三贤"。

㉔其亦殚于此乎：难道尽于此数吗？其，表示反诘，"难道"的意思。殚，尽。

㉕天下之所知者，宛委说郛、全宋文作"天下之所知"。

㉖止于牡丹而已，宛委说郛、全宋文作"洛之所植牡丹而已"。

㉗芍药天下必以维扬为称首，宛委说郛、全宋文无"必"字。维扬：旧扬州及扬州府的别称。

㉘洛之所植其名品不减维扬：洛阳种的芍药其品种、品位都不亚于扬州。王观《扬州芍药谱》称："旧谱只取三十一种"，"又得八品"，合计不超 40 种，而周氏《洛阳花木记》所列芍药已达 41 种。

㉙而开头之种，原作"而开头之大"，据宛委说郛、全宋文改。开头：开始，最初。殆：副词，大概，恐怕。按：扬州芍药盛于何时，人亦不知。如王观《扬州芍药谱》就说："扬之芍药甲天下，其盛不知始于何代。观其今日之盛，古想亦不减于此矣。"

㉚又若：又如。珍丛：珍木。丛，引申为树木。

㉛美景异致：美丽奇异的景致。

㉜洛中：古谓洛阳位天地之中，因称洛阳为洛中。

㉝然天下之人，全宋文作"然天下人"。徒知：只知，仅知。

㉞衣冠：世家官绅的穿戴，借指官宦人家。渊薮（sǒu）：鱼类兽类聚居的地方，比喻人与物荟萃之地。

㉟园第，原作"圃第"，据全宋文改。鳞次而栉（zhì）比：如鱼鳞箆齿般密集排列。

㊱取之，原作"致之"，据全宋文改。宛委说郛作"致之"。远徼（jiǎo）：偏远的边塞。

㊲好（hào）事者：喜欢多事的人。此指喜欢栽花养草的人。

㊳摭（zhí）：拾取。

㊴好事者，原作"好事"，据宛委说郛、全宋文补。

㊵待：等到。退居：退休后居住到这里。

㊶可致者：找寻可以适于种植的花木。

㊷亭馆：亭台馆阁，此指自家的花园。云尔：如此而已。

㊸元丰五年二月鄞江周序，此句全宋文删去。宛委说郛作"元丰五年二月日"，无"鄞江周序"四字。按：此句为周师厚说明写成《洛阳花木记》一书并自为书序的时间，因自省其名，故署"周序"，即"周氏序"、"周某序"的意思。

[译文]

　　我少年时就听说洛阳花卉丰美盛多天下第一，曾恨不能尽情观赏其繁盛妍丽。熙宁年间，长兄在绛州任通判，因需到汴京告假前往绛州探亲，三月路过洛阳，才得以游览佛寺、禅院，看到洛阳牡丹，然后相信过去听说的洛阳牡丹甲天下名不虚传。会当官假日期紧迫，不能从容游览，可是我亲眼所见的已是天下其他地方所没有的啊。元丰四年，我来洛阳任通判，治事的闲暇，能够从容游览观赏，居住了一年多时间。可是洛阳高官显宦的宅第名园，百所还未能游览其十几所；奇花异草有十也未能观赏到四五。于是我就广泛地搜求有关记载洛阳花木的谱录，得到唐代李德裕卫国公的《平泉草木记》，范尚书、欧阳参政的《范尚书牡丹谱》、《洛阳牡丹记》，按照《谱》、《记》中所列花木名字寻觅探访，这才见到十之八九的样子。不过范公《谱》中所说的五十二个品种，可考的仅有三十八种；欧公《记》中所录《花品叙》、《花释名》二篇仅列二十四种而已。他记钱思公双桂楼下小屏风所录九十余种牡丹，只概略说个数目，至于牡丹的名字品第，则不得见知了。因此，我把眼见耳闻及近来才出现的牡丹新品，参照范、欧二贤所记录的加以考量，共得百余牡丹品种记载下来。难道（洛阳花卉）尽于这个数目吗？可是前贤们所记的和天下人们所知道的，好像仅止于牡丹罢了，至于芍药，天下必以扬州为第一。可是洛阳人种的芍药，其著名品种不亚于扬州，而最初开始种芍药，恐怕扬州还不如洛阳（早）吧。又如天下四方所产的珍木佳卉，能得一种置于园艺馆阁，就足以成为最美丽奇异的景观，而（这些珍木佳卉）洛阳无不兼而有之。

天下人只知洛阳土地最适宜种植牡丹，而不知洛阳是官宦世家聚居之地，王公将相的府第园圃如鱼鳞篦齿般密集排列。他们仕宦于天下四方，把深山远塞的珍木佳卉用舟载车拉运回，又得到肥美水土的滋养和喜欢花木且善于种植的洛阳人的栽培，这就是天下花木不能与洛阳花木比美争盛的原因啊。现在我拾取旧谱中没有记载过的，共得芍药四十余种，杂花二百六十余种叙述于后，不敢将此赠送给那些喜欢花木的人，只想把它留待我退休回家灌园浇圃时，按此谱寻找到适于种植的，以备为自家亭台馆阁旁栽种点花木而已。元丰五年二月鄞江周某自序。

牡 丹 千叶五十九品多叶五十品

千叶黄花其别有十①

| 姚黄 | 胜姚黄 | 牛家黄 | 千心黄 | 甘草黄 |
| 丹州黄 | 闵黄 | 女真黄 | 丝头黄 | 御袍黄 |

千叶红花其别三十有四

状元红	魏花	胜魏	都胜②	红都胜
紫都胜	瑞云红	岳山红	间金红	金系腰
一捻红	九蕚红	刘师阁	大叶寿安	细叶寿安
洗妆红	蹙金球	探金球	二色红	蹙金楼子
碎金红	越山红楼子③		彤云红	转枝红
紫丝旋心	富贵红	不晕红	寿妆红	玉盘妆
双头红亦开多叶	遇仙红	盖园红	簇四④	簇五

千叶紫花其别有十

| 双头紫 | 左紫 | 紫绣球 | 安胜紫 | 大宋紫 |
| 顺圣紫 | 陈州紫 | 袁家紫 | 婆台紫 | 平头紫 |

明　陈道复　《洛阳春色图》　纸本　设色　纵26.5厘米　横111.2厘米　南京博物院藏

千叶绯花一

潜溪绯

千叶白花其别有四

玉千叶　　玉楼春　　玉蒸饼　　一百五

多叶红花其别三十有二

鞓红　　大红_{深粉红}　　湿红　　承露红_{有十二个子}

胭脂红⑤　　添色红_{深似鹤翎}　　鹤翎红　朱砂红　揉红

献采红　贺红　大晕红　林家红_{色深红}　西京强⑥

观音红　青州红　玉楼红　双头红　汝州红

独看红　鹿胎红　缀州红　试妆红　玲珑红

青线棱　延州红　苏家红　白马草⑦　　夹黄蕊

丹州红　柿红　　唐家红

多叶紫花其别十有四

泼墨紫　冠子紫　叶底紫　光紫　段家紫

银合棱_{左紫之单叶者}　　经藏紫^⑧　　　莲花萼　　　大紫_{亦名长寿紫}

索家紫　　　陈州紫　　　双头紫　　　承露紫　　　唐家紫

多叶黄花其别有三

丝头黄　　　吕黄　　　古姚黄

多叶白花一

玉盏白^⑨

[注释]

①其别有十，宛委说郛作"其别十"，下同。有：用在整数与零数之间，相当于"又"。

②都胜，宛委说郛无此品。

③越山红楼子，以下数品与宛委说郛排列顺序不同。

④簇四，宛委说郛把"簇四、簇五"合为一品。

⑤胭脂红，以下数品与宛委说郛排列顺序不同。

⑥西京强，宛委说郛作"两京强"。

⑦白马草，宛委说郛作"白马山"。

⑧经藏紫，宛委说郛作"经箴紫"。

⑨玉盏白以下，本书略去牡丹以外的洛阳花木品种计有：芍药四十一

品，杂花八十二品，果子花一百四十七种，刺花三十七种，草花八十九种，水花十七种，蔓花六种。

[译文]

略。

叙牡丹①

姚黄，千叶黄花也。色极鲜洁，精采射人，有深紫檀心②，近瓶青旋心一匝③，与瓶同色④。开头可八九寸许⑤。其花本出北邙山下白马司坡姚氏家，今洛中名园中传接虽多⑥，唯水北岁有开者⑦，大率间岁乃成千叶⑧，余年皆单叶或多叶耳。水南率数岁一开千叶，然不及水北之盛也⑨。盖本出山中，宜高，近市多粪壤，非其性也。其开最晚，在众花凋零之后，芍药未开之前。其色甚美，而高洁之性，敷荣之时⑩，特异于众花，故洛人赏之⑪，号为花王。城中每岁不过开三数朵，都人士女必倾城往观。乡人扶老携幼不远千里，其为时所贵重如此。

胜姚黄、靳黄，千叶黄花也。有深紫檀心，开头可八九寸许，色虽深于姚，然精采未易胜也。但频年有花，洛人所以贵之，出靳氏之圃，因姓得名⑫，皆在姚黄之前。洛人贵之皆不减姚花，但鲜洁不及姚而无青心之异焉，可以亚姚而居丹州黄之上矣。

牛家黄，亦千叶黄花也⑬。其先出于姚黄，盖花之祖也。色有红黄相间⑭，类一捻红之初开时也。真宗祀汾阴还⑮，驻跸淑景亭⑯，赏花宴从臣，洛民牛氏献此花，故后人谓之牛花。然色浅于姚黄而微带红色，其品目当在姚、靳之下矣⑰。

姚 黄

千心黄，千叶黄花也。大率类丹州黄，而近瓶碎蕊特盛，异于众花，故谓之千心黄。

甘草黄，千叶黄花也。有红檀心^⑱，色微浅于姚黄。盖牛、丹之比焉^⑲。其花初出时多单叶，今名园培壅之盛^⑳，变为千叶。

丹州黄，千叶黄花也。色浅于靳而深于甘草黄，有深红檀心^㉑，大可半叶。其花初出时本多叶，今名园栽接得地^㉒，间或成千叶，然不能岁成就也^㉓。

闵黄，千叶黄花也。色类甘草黄而无檀心，出于闵氏之圃，因此得名，其品第盖甘草黄之比软。

女真黄，千叶浅黄色花也。元丰中出于洛民银李氏园中^㉔，李以为异，献于大尹潞公^㉕，公见心爱之，命曰女真黄。其开头可八九寸许，色类丹州黄而微带红色^㉖，温润匀莹^㉗，其状端整^㉘，类刘师阁而黄。诸名圃皆未有，其亦甘草黄之比软^㉙。

丝头黄，千叶黄花也。色类丹州黄，外有大叶如盘，中有碎叶一簇，可百余片③。碎叶之心有黄丝数十茎③，耸起而特立，高出于花叶之上③，故目之为丝头黄③。惟天王寺僧房中一本特佳③，它圃未之有也。

御袍黄，千叶黄花也。色与开头大率类女真黄。元丰初③，应天院神御花圃中，植山篦数百③，忽于其中变此一种，因目之为御袍黄③。

御袍黄

[注释]

①叙牡丹：即记叙、述说牡丹。宛委说郛把《洛阳花木记》中这一部分抽出来作为牡丹谱，这就是周师厚《洛阳牡丹记》的由来。

②檀心：花瓣基部所带的色斑。

③瓶：雌蕊下部的子房，腹大颈长，形若花瓶状。旋心：雄蕊部分（散粉部位），包括花丝、花药、花粉管，常围绕雌蕊四周，故谓"旋心一匝"。

④同色，宛委说郛、集成本、香艳本作"并色"。

⑤开头：开的花朵，即花冠。可：大约，约计。许：表示大约的数量。

⑥名园，宛委说郛、集成本、香艳本作"名圃"。

⑦水：指横贯洛阳城的洛水。下文"水南"之"水"同此。

⑧大率，宛委说郛、香艳本作"大岁"，集成本作"大抵"。大率：大概，大抵。间（jiàn）岁：隔年。

⑨之盛，宛委说郛、香艳本作"之岁"。

⑩敷荣：开花。

⑪赏之，宛委说郛、集成本、香艳本作"贵之"。

⑫得名，宛委说郛、集成本、香艳本作"得之"。

⑬黄花也，宛委说郛、集成本、香艳本作"黄花"。

⑭红黄相间，宛委说郛、集成本、香艳本作"红与黄相间"。

⑮真宗祀汾阴还：见欧《记》之《花释名第二》注。

⑯驻跸（bì）：帝王出行时沿途停留暂住。

⑰品目：本指种类、名目，引申为品评之意。李绰《尚书故实》："父曰仲容，亦鉴书画，精于品目。"

⑱有红，宛委说郛、集成本、香艳本作"色红"。

⑲盖：推原之词。比：旧例，成规。这里有"同例"、"类同"的意思。《礼记·王制》："众疑赦之，必察大小之比以成之。"

⑳培壅：培植，培养。

㉑深红檀心，宛委说郛、集成本、香艳本作"檀心深红"。

㉒栽接，宛委说郛作"载接"，误。得地：犹得体，恰到好处。

㉓成就：成功。

㉔洛民，宛委说郛、香艳本作"洛氏"，集成本作"洛阳"。

㉕大尹：掌军国大权的令尹。潞公：指北宋大臣文彦博（1006—1097），字宽夫，庆历末由参知政事拜相，后出刺河阳等地，退居洛阳多年。元祐初年出任平章军国重事，历仁、英、神、哲四朝，以太师致仕，封

潞国公。

㉖微带红色，宛委说郛、集成本、香艳本作"微带红"。

㉗匀莹，宛委说郛、集成本、香艳本作"匀荣"。

㉘其状，宛委说郛、集成本、香艳本作"其状色"。

㉙其亦，宛委说郛、集成本、香艳本作"然亦"。

㉚百余片，宛委说郛、集成本、香艳本作"百余分"。

㉛黄丝：指雄蕊的组成部分，细长如丝。

㉜特立，高出，原作"特高，立出"，据宛委说郛、集成本、香艳本改。

㉝目之为：称之为。目，称也。《穀梁传·隐公元年》："段，郑伯弟也。……以其目君，知其为弟也。"注："目君，谓称郑伯。"

㉞天王寺，宛委说郛、香艳本作"天黄寺"。

㉟元丰初，宛委说郛、香艳本作"元丰礼"，集成本作"元丰时"。

㊱山篦：野生山牡丹。

㊲御袍黄：帝王袍服样黄色。御，指帝王所用或与之有关的事物。

[译文]

姚黄，重瓣黄色花。颜色极鲜丽素洁，光彩照人，有深紫色斑，靠近雌蕊子房周遭有青色雄蕊相连，与子房颜色相同。花朵开八九寸的样子。此花本出在北邙山下白马司坡姓姚的人家，现在洛阳著名花园中传承嫁接者虽然很多，但只有洛水北岸每年有开花的，大概隔年才能开出重瓣花，其他年份都开单瓣或半重瓣花。洛水南岸数年才开一次重瓣花，但没有洛水北岸开得旺盛。大约此花本出自山里地势高的地方，近市区土壤多粪水，有违花的本性。它花开得最晚，总是在众花凋谢、芍药未开之前。花色很美，性格高雅圣洁，开花不与他花争时，迥然不同于众花，所以洛阳人特别欣赏它，称它为花中之王。洛阳城每年不过开几朵，每当它开花时，城里人不分男女必倾城前往观赏。乡下人也扶老携幼不以千里为远赶来赏花，为现时社会看重到如此程度。

胜姚黄、靳黄，重瓣黄色花。有深紫色斑，花朵八九寸样子，花色虽比姚黄深可是精采比不上姚黄。但常年年开花，洛阳人因此看重它，由于出在姓靳人的花园，因姓得名靳黄，都在姚黄之前开花。洛阳人看重它的不少于看重姚黄的，但其鲜丽素洁不如姚黄，而且无姚黄青色花蕊的奇异，品第应次于姚黄而位居丹州黄之上。

牛家黄，也是重瓣黄色花。它产生早于姚黄，应属牡丹的祖辈吧。花色红与黄相间，类似一捻红初开花时的模样。真宗皇帝大中祥符四年从山西脽丘祭祀后土祠回到洛阳，辇驾暂住淑景亭，宴请随驾大臣赏牡丹，洛阳牛姓人家贡此花，所以后人称之"牛花"。可是花色较姚黄浅而略带红色，品评其次第当居姚黄之下。

千心黄，重瓣黄色花。大概与丹州黄类似，在靠近雌蕊子房处，细碎花瓣特多特密，与其他牡丹花蕊不同，所以称为"千心黄"。

甘草黄，重瓣黄色花。有红色色斑，花色稍浅于姚黄，应与牛家黄、丹州黄类似。这种花初出现时多为单瓣花，今经名园花工的精心栽植培养，而变成重瓣花。

丹州黄，重瓣黄色花。花色比靳黄浅而较甘草黄深，有深红色斑，色斑大约半个花瓣。此花最初本为半重瓣花，现经名园花工栽培嫁接得力，有时也能培育出重瓣花，但是不能保证年年成功。

闵黄，重瓣黄色花。花色与甘草黄类似但无色斑。原产于闵姓家花园，因此得名"闵黄"，它的品位等次大概与甘草黄类似吧。

女真黄，重瓣浅黄色花。元丰年间，出于洛阳人银李氏花园，李家认为此花奇异，贡献给军国重臣潞国公文彦博，潞国公看到很喜爱，命名为"女真黄"。花朵八九寸，花色类似丹州黄而略带红色，柔润均匀，它状貌端庄整齐，像黄色的刘师阁。洛阳各名园都无此花，它也属甘草黄之类（稀有）吧。

丝头黄，重瓣黄色花。花色类似丹州黄，外轮大花瓣宛如托盘，中央聚集一堆细碎花瓣，百余枚。碎瓣的中心，有数十根黄丝耸然挺立，高出于花冠之上，所以称它为"丝头黄"。唯天王寺僧人房前一棵特好，其他花园没有此花。

御袍黄，重瓣黄色花。花色与花朵大抵类似女真黄。元丰初年，应天院祀神御花园中，种有数百株野生的山牡丹，忽然其中有一株变异出这种花，因在皇帝御花园所生，色类帝王袍服的黄色，所以称它"御袍黄"。

状元红，千叶深红花也①。色类丹砂而浅，叶杪微淡②，近萼渐深。有紫檀心③，开头可七八寸。其色最美④，迥出众花之上，故洛人以状元呼之。惜乎开头差小于魏花，而色深过之远甚。其花出安国寺张氏家，熙宁初方有之，俗谓之张八花。今流传诸处甚盛⑤，龙岁有此花⑥，又特可贵也。

魏花，千叶肉红花也。本出晋相魏仁溥园中⑦，今流传特盛，然叶最繁密，人有数之者，至七百余叶，面大如盘。中堆积碎叶突起圆整，如覆钟状。开头可八九寸许，其花端丽，精美莹洁异于众花⑧。洛人谓姚黄为王，魏花为后，诚善评也⑨。近年又有胜魏、都胜二品出焉⑩。胜魏似魏花而微深；都胜似魏花而差大，叶微带紫红色。意其种皆魏花之所变欤⑪？岂寓于红花本者⑫，其子变而为胜魏，寓于紫花本者，其子变而为都胜耶？

状元红

瑞云红，千叶肉红花也⑬。开头大尺余，色类魏花微深，然碎叶差大，不若魏之繁密也。叶杪微卷如云气状，故以瑞云目之，然与魏花迭为盛衰，魏花多则瑞云少，瑞云多则魏花少。意者草木之妖亦相忌嫉而势不并立欤^⑭！

岳山红，千叶肉红花也。本出于嵩岳，因得此名^⑮。色深于瑞云^⑯，浅于状元红，有紫檀心，鲜洁可爱，花唇微淡^⑰，近萼渐深。开头可八九寸许^⑱。

间金红^⑲，千叶红花也。微带紫而类金系腰，开头可八九寸许。叶间有黄蕊，故以间金目之。其花盖夫黄蕊之所变也^⑳。

金系腰，千叶黄花也。类间金而无蕊，每叶上有金线一道，横于半叶上^㉑，故目之为金系腰。其花本出于缑氏山中^㉒。

金系腰

一捻红

一捻红，千叶粉红花也。有檀心，花叶之杪各有深红一点，如美人以胭脂手捻之，故谓之一捻红。然开头差小，可七八寸许。初开时多青，拆开时乃变红耳[23]。

九蕊红，千叶粉红花也。茎叶极高大，其苞有青跌九重[24]，苞未拆时[25]，特异于众花；花开必先青，拆数日然后色变红。花叶多皱蹙[26]，有类揉草，然多不成就，偶有成者，开头盈尺。

刘师阁，千叶浅红花也。开头可八九寸许，无檀心，本出长安刘氏尼之阁下[27]，因此得名。微带红黄色，如美人肌肉然，莹白温润，花亦端整，然不常开，率数年乃见一花耳。

寿安，有二种，皆千叶肉红色花也。出寿安县锦屏山中，其色似魏花而浅淡。一种叶差大，开头亦大[28]，因谓之大叶寿安；一种叶细，故谓之细叶寿安云。

洗妆红，千叶肉红花也。元丰中，忽生于银李圃山篦中，大率似寿安而小异。刘公伯寿见而爱之[29]，谓如美妇人洗去朱粉而见其天真之肌，莹洁温润[30]，因命今名。其品第盖寿安、刘师阁之比欤。

刘师阁

蹙金球，千叶浅红花也。色类间金而叶杪皱蹙[31]，间有黄棱断续于其间[32]，因此得名。然不知所出之因，今安胜寺及诸园皆有之。

探春球，千叶肉红花也。开时在谷雨前，与一百五相次开，故曰探春球。其花大率类寿安红，以其开早，故得今名。

二色红[33]，千叶红花也。元丰中，出于银李园中，于接头一本上[34]，歧分为二色[35]，一浅一深，深者类间金，浅者类瑞云。始以为有两接头，详细视之，实一本也。岂一气之所钟而有浅深厚薄之不齐欤[36]？大尹潞公见而赏异之，因命今名。

蹙金楼子[37]，千叶红花也。类金系腰，下有大叶如盘，盘中碎叶繁密耸起而圆整，特高于众花。碎叶皱蹙，互相黏缀，中有黄蕊间杂于其间，然叶之多虽魏花不及也。元丰中，生于袁氏之圃。

碎金红，千叶粉红花也。色类间金，每叶上有黄点数枚[38]，如黍粟大，故谓之碎金红。

越山红楼子，千叶粉红花也。本出于会稽[39]，不知到洛之因也。近心有长叶数十片，耸起而特立，状类重台莲，故有楼子之名。

二色红

[注释]

①深红花也，集成本作"深红色也"。

②叶杪微淡，原作"叶杪微浅"，据宛委说郛、集成本、香艳本改。叶杪：花瓣边沿。

③有紫，宛委说郛、香艳本作"有此"，误。

④最美，宛委说郛、集成本、香艳本作"甚美"。

⑤流传诸处，宛委说郛、集成本、香艳本作"流传诸谱"。

⑥龙岁，原作"然岁"，据宛委说郛、集成本、香艳本改。按："龙岁"有本作"龙飞岁"（见中国牡丹全书编纂委员会编《中国牡丹全书》下册860页）。龙飞岁比喻皇帝即位，语本《易·乾》："飞龙在天，利见大人。"疏："若圣人有龙德，飞腾而居天位。"状元红牡丹"熙宁初方有之"，"熙宁"为宋神宗赵顼即帝位所用年号，熙宁"初"当指熙宁元年（戊申，1068），因作"龙飞岁"，故下句言"又特可贵也"。

⑦晋相魏仁溥：魏仁溥为五代后周宰相，谓"晋相"，误。

⑧精美，宛委说郛、集成本、香艳本作"精采"。异于众花，宛委说郛本、集成本、香艳本作"异于众花心"。

⑨诚善评也，宛委说郛、集成本、香艳本作"诚为善评也"。

⑩近年又有，原作"近年有"，据宛委说郛、集成本、香艳本加一"又"字。焉：兼辞，相当于"于此"。

⑪意其：抑或，还是。表示选择。

⑫岂：难道。副词，表示反诘。

⑬肉红花也，宛委说郛、集成本、香艳本作"肉红花者"。肉红：似人肌肤的一种浅红色。

⑭意者：与"意其"同，表示选择。草木之妖：草木的精灵。

⑮因得此名，宛委说郛、集成本、香艳本作"因此得名"。

⑯色深于瑞云，原无"色"字，据宛委说郛本、集成本、香艳本加。

⑰花唇：花瓣的边沿，同"叶杪"。唇，边也。杜甫《丽人行》："翠微匐叶垂鬓唇。"鬓唇，即鬓边。

⑱开头可八九寸许，宛委说郛、集成本、香艳本无"许"字。

⑲间金红，宛委说郛、集成本、香艳本无"红"字。

⑳其花盖夫黄蕊之所变也，原"其"下无"花"字，据宛委说郛、集成本、香艳本加；夫，原作"夹"，据宛委说郛改，集成本、香艳本作"大"。按："盖夫"为句首语气词，提示下面将发议论。这句是说间金的花瓣是由雄蕊瓣化而变成的，而瓣化程度低的仍保留一圈完整的黄色雄蕊，形成"叶间有黄蕊"，"类金系腰"，故称之为"间金"。

㉑半叶上，宛委说郛、集成本、香艳本作"半花上"。

㉒缑（gōu）氏山：在今河南偃师。

㉓拆（chāi）开，宛委说郛、香艳本作"折开"，误。拆：裂开。此指开花。

㉔苞有青跗（fū）九重：花苞外有青色萼片多层。跗，通"柎"。《山海经·西山经》："有木焉，员叶而白柎。"郭璞注："一曰：柎，花下鄂（萼）。"九重，多层。九，虚指多数，非实数。

㉕拆，宛委说郛、香艳本皆作"折"，误。

㉖皱蹙（cù），宛委说郛、集成本、香艳本作"铍（pī）蹙"。

㉗尼：比丘尼的省称。尼是出家的女僧，古时对僧人尊称曰"师"。

㉘开头亦大，宛委说郛、集成本、香艳本作"开头不大"。

㉙刘公伯寿：刘伯寿名几，字伯寿，洛阳九老之一。历任邠州、保州知州，又任秘书监、上柱国通议大夫，后筑室嵩山玉华峰下，号玉华庵主。

㉚莹洁，原作"莹澈"，据宛委说郛、集成本、香艳本改。

㉛皱蹙，宛委说郛、集成本、香艳本作"铍蹙"。

㉜间有黄棱断续于其间：花瓣中间夹杂断断续续黄色的花粉。黄棱，指雄蕊部分瓣化，花瓣间夹杂少量的花粉（雄蕊）。

㉝二色红：复色牡丹，即一花二色。牡丹在隋唐前多为白色，唐五代才有紫、黑、红、黄诸色，宋时始有复色牡丹。

㉞接头：嫁接所用之接穗。

㉟歧分，原作"歧歧"，据宛委说郛、集成本、香艳本改。

㊱一气：即欧《记》所说的"中和之气"，"有常之气"。

㊲楼子：整个花冠的顶部，内瓣重叠高耸于花心，形若楼台。一般雄蕊的瓣化是由花朵中心开始向外扩展，中间雄蕊完全瓣化，而外围雄蕊瓣化较少，故花朵中心突出圆整。

㊳数枚，宛委说郛、集成本、香艳本作"数星"。

㊴会（kuài）稽：此指会稽山，在今浙江绍兴、嵊州、诸暨、东阳等市县间，古属越地，是越州牡丹原产地。

[译文]

状元红，重瓣深红色花。花色类似朱砂的颜色而略浅，花瓣边沿稍淡，而靠近瓣的基部花萼处花色渐深。有紫色色斑，花朵七八寸。色泽很美，远远在他花之上，因其出类拔萃，洛阳人用"状元红"称呼它。可惜花冠稍小于魏花，但颜色之秾丽超过魏花甚多。此花出自安国寺张氏家，熙宁元年（1068）才有，俗称"张八花"，今已流传到洛阳许多花园中。因皇帝即位之龙飞年才有此花（神宗戊申即帝位），所以又特别珍贵。

魏花，重瓣肉红色花。原出于后周宰相魏仁溥园中，今流传特广。此花花瓣最多最密，曾有人数过，多到七百余片。花冠大如托盘，中央堆积的碎瓣浑圆整齐，像覆扣着的盛酒的钟的样子。花朵八九寸大小，端庄美丽，其晶莹光洁不同于众花。洛阳人称姚黄为"花王"，称魏花为"花后"，实在是精当评语啊。近年来又有"胜魏"、"都胜"两个新品种出现，胜魏像魏花而颜色稍深；都胜像魏花而花朵略大，花瓣稍带紫红色。抑或它们都是魏花之种变异出来的吗？难道父本托于红色魏花而变异出的子花叫"胜魏"，父本托于紫色魏花而变异出的子花叫"都胜"吗？

瑞云红，重瓣肉红色花。花朵一尺多大，色像魏花而略深，可是中央碎瓣略大，不像魏花那样繁多稠密。花瓣末梢微微翻卷如云彩的样子，所以用"瑞云"称它。但是它与魏花互为盛衰，魏花开花多则瑞云开花少，瑞云开花多则魏花开花就少。抑或草木的精灵也会相互嫉妒，而且还势不两立呢！

岳山红，重瓣肉红色花。原产于中岳嵩山，因此得名"岳山红"。颜色较瑞云深，比状元红浅，有绛紫色斑，鲜丽洁净，十分可爱。花瓣边沿色淡而基部花萼处渐深，花朵八九寸大小。

间金红，重瓣红色花。微微带有紫色类似金系腰的样子，花朵八九寸，花瓣中间有一圈黄色花蕊（未瓣化的雄蕊），所以用"间金"称呼它。此花的花瓣恐为黄色雄蕊瓣化所变成的吧。

金系腰，重瓣黄色花。类似间金而花瓣中间无黄蕊，但每枚花瓣上都有一道金色线条横于花的半腰，所以称它"金系腰"。此花原产自偃师缑氏山中。

一捻红，重瓣粉红色花。有色斑，在每枚花瓣的末梢各有一个深红色的"点"，像美人用胭脂按上去似的，所以叫它"一捻红"。只是花朵略小，七八寸样子，初开时多青色，花苞绽裂开来就变成红色了。

九萼红，重瓣粉红色花。茎很高，叶子很大，花苞外有青色萼片多层。花苞未绽裂时与其他牡丹很不同；开花时必先为青色，数日后才变成红色。花瓣多散乱皱褶，像揉乱的草丛。可是此花多不开花，偶有开花的，花冠有一尺多大。

刘师阁，重瓣浅红色花。花朵八九寸样子，花瓣无色斑。本产自长安刘姓女僧的阁楼下，因对僧人尊称为"师"，所以得"刘师阁"之名。花瓣略带红黄色，如美人的肌肤，莹洁温润，花样端庄，只是花不常开，几年才见开一回花。

寿安，有两种，都是重瓣肉红色花。原出自寿安锦屏山，花色像魏花而稍浅淡。一种花瓣略大，花朵也大，因此称它"大叶寿安"；一种花瓣细小，就称它为"细叶寿安"吧。

洗妆红，重瓣肉红色花。元丰年间，忽然从银李氏花园的山牡丹中生出这种花，大抵像寿安而小有不同。西京五老之一的刘伯寿看了很喜爱，说像洗去胭脂铅粉的美妇人，露出自然天真的肌肤，莹洁温润，因此起个"洗妆红"的今名。它的品位次第大概与寿安、刘师阁同类吧。

蘸金球，重瓣浅红色花。花色类似间金，花瓣末梢皱褶，花瓣中间夹杂有断续的黄色花粉（即"金"），因此得名"蘸金球"。但不知此花原出何处，现在安胜寺及各花园都有此花。

探春球，重瓣肉红色花。它在谷雨之前与一百五前后次第开花，所以叫它"探春球"。其花大抵与寿安红类似，因为它早春开花，故得今名。

二色红，重瓣红色花。元丰年间产自银李园中，把一个接穗嫁接到一株接本上，分别长出两种颜色花来。一种色浅，一种色深，色深的像间金，色浅的如瑞云。开始我以为有两个接穗，详细审视，实际只有一个接穗接在接本上。难道大自然的中和之气专注于一物还会有深浅、厚薄的不同吗？令尹潞国公看了赏识它的奇异，因而命名"二色红"。

蘸金楼子，重瓣红色花。类似金系腰，花冠的基部周遭有大瓣形如托盘，盘的中央细碎花瓣茂密丛聚，浑圆整齐，挺立特高于众花。细碎花瓣散乱皱褶，黏连连缀，花瓣间杂有黄色花粉，花瓣的繁多连魏花也比不上它。元丰年间初生于袁氏花园。

碎金红，重瓣粉红色花。花色类间金，每枚花瓣上都有几粒细碎的金黄色点，像黍子谷子样大小，所以叫它"碎金红"。

越山红楼子，重瓣粉红色花。本产于古越会稽山，不知什么原因被传到洛阳。靠近花心有几十片细长花瓣，高耸特立，形状类似重台莲花，所以才有"楼子"这样的名字。

彤云红，千叶红花也。类状元红，微带绯色[①]，**开头大者几盈**

尺。花唇微白，近萼渐深，檀心之中皆莹白，类御袍花②。本出于月坡堤之福严寺③，司马公见而爱之④，目之为彤云红也。

转枝红，千叶红花也。盖间岁乃成千叶，假如今年南枝千叶⑤，北枝多叶；明年北枝千叶，南枝多叶。每岁互换⑥，故谓之转枝红，其花大率类寿安云。

紫丝旋心⑦，千叶粉红花也。外有大叶十数重如盘，盘中有碎叶百许，簇于瓶心之外⑧，如旋心芍药。然上有紫丝十数茎⑨，高出于碎叶之表，故谓之曰紫丝旋心。元丰中生于银李圃中。

富贵红、不晕红、寿妆红、玉盘妆，皆千叶粉红花也。大率类寿安而有小异。富贵红色差深而带绯紫色；不晕红次之；寿妆红又次之；玉盘妆最浅淡者也，大叶微白，碎叶粉红，故得玉盘妆之号。

双头红、双头紫⑩，皆千叶花也。二花皆并蒂而生，如鞍子而不相连属者也⑪。惟应天院神御花圃中有之，亦有多叶者。盖地势有肥瘠，故有多叶之变耳。培壅得地之宜至有簇五者⑫，然开头愈多，则花愈小矣。

左紫，千叶紫花也。色深于安胜⑬，然叶杪微白，近萼渐深，突起圆整有类魏花，开头可八九寸，大者盈尺。此花最先出，国初时生于豪民左氏家，今洛中传接者虽多，然难得真者，大抵多转接不成千叶⑭，惟长寿寺弥陀院一本特佳，岁岁成就。旧谱以谓左紫即齐头紫，如碗而平，不若左紫之繁密圆整，而有夫含楼之异云⑮。

紫绣球，千叶紫花也。色深而莹泽，叶密而圆整，因得绣球之名，然难得见花，大率类左紫云。但叶杪色白不如左紫之唇白也⑯，比之陈州紫、袁家紫，皆大同而小异耳。

安胜紫，千叶紫花也，开头径尺余。本出于城中安胜院⑰，因此得名。近岁左紫与绣球皆难得花⑱，惟安胜紫与大宋紫特盛，岁岁有花，故名圃中传接甚多。

大宋紫，千叶紫花也。本出于永宁县大宋川豪民李氏之圃⑲，

紫绣球

因谓大宋紫。开头极盛，径尺余，众花无比其大者。其色大率类安胜紫云。

　　顺圣紫[20]，千叶花也。色深类陈州紫，每叶上有白缕数道，自唇至萼，紫白相间，浅深不同[21]。开头可八九寸许，熙宁中方有也[22]。

　　陈州紫、袁家紫，一色花，皆千叶，大率类紫绣球，而圆整不及也。

　　潜溪绯，本千叶绯花也。有皂檀心，色之殷美众花少与比者。出龙门山潜溪寺，本后唐相李藩别墅[23]，今寺僧无好事者，花亦不成千叶，民间传接者虽多[24]，大率皆多叶花耳，惜哉！

　　玉千叶，白花，无檀心，莹洁如玉，温润可爱。景祐中，开于范尚书宅山篦中[25]，细叶繁密，类魏花而白，今传接于洛中虽多，然难得花岁成千叶也。

潜溪绯

玉楼春

玉蒸饼

　　玉楼春，千叶白花也。类玉蒸饼而高，有楼子之状。元丰中生于清河县左氏家㉖，左献于潞公，因命之曰玉楼春。

　　玉蒸饼，千叶白花也。本出延州，及流传到洛，而繁盛过于延州时。花头大于玉千叶，叶杪莹白㉗，近萼渐红㉘，开头可盈尺。每至盛开，枝多低㉙，亦谓之软条花云。

　　承露红，多叶红花也。每朵各有二叶㉚，每叶之近萼处，各成一个鼓子花样㉛，凡有十二个，惟叶杪折展与众花不同㉜，其下玲珑不相倚着，望之如雕镂可爱。凌晨如有甘露盈个㉝，其香益更旖旎㉞。与承露紫大率相类㉟，惟其色异耳㊱。

　　玉镂红㊲，多叶红花也。色类彤云红，而每叶上有白缕数道，若雕镂然，故以玉镂目之。

　　一百五者，千叶白花也㊳。洛中寒食，众花未开，独此花最先，故此贵之。

①绯色：大红色。

②御袍花，原作"御米花"，据宛委说郛、集成本、香艳本改。按：御袍花当指"御袍黄"。

③月坡堤，宛委说郛、集成本、香艳本作"月波堤"。按：徐松《唐两京城坊考》卷五："北积善坊……坊北月陂。"《河南图经》曰："洛水自苑内上阳宫南，弥漫东注。隋宇文恺版筑之，时因筑斜堤，束令水东北流，当水冲捺堰，作九折，形如偃月，谓之月陂。其西有上阳、积翠、月陂三堤。"月坡堤应作"月陂隄"。

④司马公：指司马光。北宋大臣、史学家，被追封温国公。从熙宁四年（1071）退居洛阳，继续编纂《资治通鉴》至元丰七年（1084）书成，在洛阳生活很长时间，酷爱牡丹。

⑤南枝，此条"南枝"及下文"北枝"之"枝"，宛委说郛、香艳本均作"之"，误。

⑥互换，原作"换易"，据宛委说郛、集成本、香艳本改。

⑦紫丝旋心，宛委说郛、集成本作"紫粉旋心"，香艳本作"紫粉丝旋心"。旋心：指牡丹雄蕊部分，因其围绕在雌蕊四周，故称"旋心"。

⑧瓶心：雌蕊下子房，形如花瓶。

⑨紫丝十数茎，宛委说郛、集成本作"紫娄数十茎"。茎：量词，指雄蕊组成部分之一"花丝"的根数。

⑩双头红、双头紫：为牡丹演化的多头花。牡丹通常为单生花，即单独一朵着生在枝条顶端。到唐代出现"双生花"。《异人录》载："高宗后苑宴群臣，赏双头牡丹赋诗。上官昭容一联绝丽，所谓'势如连璧友，心似臭兰人'。"双头牡丹著录于花谱，始见于周氏《洛阳花木记》。

⑪鞍子：马鞍。两端拱起，中部低凹。此形容双头牡丹连接处像"马鞍"形。

⑫得地之宜至有簇五者，宛委说郛、集成本、香艳本作"得地力有簇五者"。按：此句是说得地脉之力，一个花蒂甚至可以开出五头花。

⑬安胜，原作"安圣"，据香艳本改。因"安胜紫"牡丹出于"安胜

院"得名，作"安圣"，误。

⑭转接，宛委说郛、集成本、香艳本作"转枝"。

⑮而有夫含楼之异云，原作"而又无含楼之异云"，据宛委说郛、香艳本改。但以上二本"含楼"应作"含棱"。含棱，是指花瓣间夹杂有金黄色花粉，但左紫没有，而呈"突起圆整"状，和旧谱（即欧《记》）所说的"左花"（又称"平头紫"或"齐头紫"）"叶密而齐如截"（周《记》谓"如碗而平"）不同，颇有点起楼的样子，故称"而有夫含楼之异云"。

⑯叶杪色白，原作"叶杪色匀"，据宛委说郛、集成本、香艳本改。唇白：指叶唇白。叶唇，即叶杪。

⑰"安胜院"前，宛委说郛、集成本、香艳本有"千叶"二字，乃衍文。

⑱近岁，宛委说郛、香艳本作"延岁"，误。

⑲永宁县：旧县名。隋义宁二年（618）改熊耳县，治今河南洛宁东北。大宋川：即今流经河南洛宁、宜阳的西度水。《河南府志》："西度水亦曰宜水，至大宋川亦名宜水者，以经宜阳故郡南也。……又西度水上流经永宁河底村。"

⑳顺圣紫，宛委说郛、集成本、香艳本作"顺圣"。

㉑浅深不同，宛委说郛、集成本、香艳本作"浅深同"。

㉒熙宁，宛委说郛、香艳本作"燕宁"，误。

㉓本后唐相李藩：周师厚此说有误，李藩为唐相，见欧《记》注。

㉔虽多，宛委说郛、集成本、香艳本作"虽众"。

㉕范尚书宅，宛委说郛、集成本、香艳本作"苑上书"，误。

㉖清河县，宛委说郛、香艳本作"何清（qìng）县"，集成本作"河清县"，皆误。清河县：宋属河北西路恩州清河郡。治所在今河北清河县西北。

㉗叶杪莹白，宛委说郛、集成本、香艳本作"杪莹白"。

㉘渐红，宛委说郛、集成本、香艳本作"微红"。

㉙枝多低，原作"多低之"，据宛委说郛、集成本、香艳本改。

㉚"每朵各有二叶"，疑此句下有脱文，因为不会有一朵只两个花瓣的

牡丹，且下文还有"凡有十二个"一句。窃以为上句当为"每朵各有二叶相向"，共有十二个（两个相向的花瓣），所以承露红是"多叶"花。

㉛花样（樣），宛委说郛作"花橥"，集成本作"花樸"。鼓子花样：像鼓子花形状。鼓子花即"旋花"，蔓生，叶狭长，花红白色，形似鼓。参见《政和证类本草》卷七《旋花》。唐人郑谷《长江县经贾岛墓》诗："重来兼恐无寻处，日落风吹鼓子花。"李时珍《本草纲目·草七·旋花》："其花不作瓣，状如军中所吹鼓子，故有旋花鼓子之名。一种千叶者，色似粉红牡丹，俗呼为缠枝牡丹。"吴其濬《植物名实图考》卷二十二《蔓草类·旋花》，对旋花有释义，并附有"旋花图"。

㉜叶杪折展，原作"叶杪舒展"。与众花不同，原作"与众花不异"。皆据宛委说郛、集成本、香艳本改。

㉝甘露盈个（箇），原作"甘露盈筒"，据集成本改。宛委说郛、香艳本"筒"作"个"（個）。按：箇、個，分别为"个"字的异体字、繁体字。疑"个"下脱一"中"字。甘露盈个中，即甘露盈其中。

㉞旖旎（yǐ nǐ）：此为茂盛的意思。宋玉《楚辞·九辩》："窃悲夫蕙华之曾敷兮，纷旖旎乎都房。"《集注》：旖旎，"盛貌"。

㉟与承露紫，原作"又承露紫"，据宛委说郛、集成本、香艳本改。

㊱惟其色异，原作"惟有色异"，据宛委说郛、集成本、香艳本改。

㊲玉镂红，宛委说郛、集成本、香艳本俱作"玉楼红"，据释义"若雕镂然"，作"玉镂红"，是。

㊳欧《记》称一百五"多叶白花"，此称一百五"千叶白花"，盖一百五已演变矣。

[译文]

　　彤云红，重瓣红色花。类似状元红而略带大红色，花朵大的几乎有一尺。花瓣边沿微白，靠近花萼处红色渐浓，但色斑为白色，类似御袍黄。本产出于月陂堤的福严寺内，司马温公看了很喜爱，称它为彤云红。

　　转枝红，重瓣红色花。大概隔年才开成重瓣，假若今年朝南的枝上开重瓣，朝北的枝上只开半重瓣；明年朝北的枝上开重瓣，朝南的枝上只开半重瓣。每年南北枝互相轮换开重瓣，所以称它转枝红，花朵大抵类似寿安。

紫丝旋心，重瓣粉红色花。外轮有十几层大花瓣如托盘，盘中央有百余枚细碎雄蕊聚集于雌蕊下子房外面，就像旋心芍药的样子。但是上面有十数根紫色花丝，高出于碎瓣之上，所以称它为紫丝旋心。此花元丰年间产自银李花园。

富贵红、不晕红、寿妆红、玉盘妆，都是重瓣粉红色花。大略类似寿安而稍有不同。富贵红花色略深而带紫红色；不晕红次于富贵红；寿妆红又次于不晕红；玉盘妆花色最浅淡，大瓣色微白，碎瓣色粉红，所以得个玉盘妆雅号。

双头红、双头紫，都是重瓣花。两朵花并生于一个花托上，如马鞍形状而不相连接，只有应天院神御花园中才有此花。此花也有开半重瓣的，大概因为地力有肥沃、贫瘠的不同，所以有重瓣花开成半重瓣花的变故。得地脉之力又培植得法，甚至能一蒂开出五头花来，不过开的花头越多花朵就越小了。

左紫，重瓣紫色花。颜色比安胜深，但花瓣末梢微白，靠近花萼处色渐深。花冠圆整中央突起有点类似魏花，花朵八九寸，大的超过一尺。此花产生最早，在开国之初生于富豪左姓人家，今流传嫁接到洛阳的虽然很多，可是难以得到真品，大多辗转嫁接开不出重瓣花来，只有长寿寺弥陀院内有一棵特别好，年年都能开出重瓣左紫。欧《记》所说的左花即平头紫，如碗口大而花面平齐，不如左紫的繁瓣密集浑圆整齐，而且有起楼样的不同。

紫绣球，重瓣紫色花。花色深且莹润光泽，花瓣稠密而浑圆整齐像个绣球，因得紫绣球的名号，可是很难见到，大概类似左紫。但花瓣边沿的白色不如左紫瓣边那样白，跟陈州紫、袁家紫相比，都大同小异罢了。

安胜紫，重瓣紫色花，花冠一尺多大。本出自洛阳城的安胜院，因此得名。近年来左紫与紫绣球都难得开花，唯有安胜紫和大宋紫开得特别繁盛，年年都开花，所以各名园流传嫁接甚多。

大宋紫，重瓣紫色花。本出自永宁县大宋川富豪李家花园，因此称它大宋紫。花朵极大，直径一尺多，其他品种牡丹没有比它大的。花色大概类似安胜紫。

顺圣紫，重瓣紫色花。颜色浓深类似陈州紫，每枚花瓣有几道白线条，从花瓣边沿直到基部花萼处，紫瓣白条相间，颜色深浅不同。花朵有八九寸样子，熙宁年间才有此花。

陈州紫、袁家紫，都是同一颜色重瓣花，大略类似紫绣球，但浑圆整齐不及前者。

潜溪绯，本是重瓣红色花，有黑色色斑，花色的秾丽其他花品少有比得上的。出自洛阳龙门潜溪寺，本是唐代宰相李藩的别墅。现在潜溪寺里已没有喜欢养花的僧人，也难以开出重瓣潜溪绯，民间相传嫁接的人虽多，大抵都开半重瓣花罢了，可惜啊！

玉千叶，白色花，无色斑，晶莹洁白如玉，温润柔嫩可爱。仁宗景祐年间，在范尚书宅第的野生牡丹中开出此花，花瓣细碎繁密，类似魏花而呈白色。现在洛阳相传嫁接此花的虽然不少，可是难以每年都开成重瓣呀。

玉楼春，重瓣白色花。像玉蒸饼却顶部高挺，有起楼的形状。元丰年间生于河北清河县左氏家。左家献给文彦博潞国公，潞国公给它命名玉楼春。

玉蒸饼，重瓣白色花。本出自陕北延州，流传到洛阳后其繁荣茂盛超过在延州时。花冠大于玉千叶，花瓣边沿晶莹洁白，近花萼处渐渐泛红，花朵大满一尺。每到繁花盛开时节，花朵多把花枝压得很低，所以也称它为软条花。

承露红，半重瓣红色花。每朵各有两个花瓣（相向而对），每瓣靠近花萼处各成一个"鼓子花"的样子，共有十二个（相对的花瓣），唯花瓣边沿的弯折、舒展和其他品种不同。花瓣下部空明剔透，不相倚依，远望像红玉雕刻出来的一样，非常可爱。凌晨赏花，宛如有甘露充盈其中，芳香更盛。它与承露紫大抵相似，只是颜色不同罢了。

玉镂红，半重瓣红色花。花色像彤云红，每枚花瓣上都有几道白线条，像雕刻的白玉，所以用"玉镂"称呼它。

一百五，重瓣白色花。洛阳寒食时节，其他牡丹尚未开花，独有此花最先绽蕊，因此洛阳人特别看重它。

接栽种管牡丹之法

接花法[①]　接花必于秋社后九月前[②]，余皆非其时也。接花预于二三年前种下祖子③，惟根盛者为佳④。盖家祖子根肥而嫩⑤，嫩则津脉盛而木实⑥。山祖子多老⑦，根少而木虚⑧，接之多失⑨。削接头⑩，欲平而阔，常令根皮包含接头⑪。勿令作陡刃⑫，刃陡则带皮处厚而根狭⑬。刃陡则接头多退出而皮不相对⑭，津脉不通，遂致枯死矣。接头系缚欲密，勿令透风。不可令雨湿疮口⑮。接头必以细土覆之，不可令人触动。接后月余须时时看睹⑯，勿令根下生炉芽⑰，芽生即分减却津脉，而接头枯矣。凡选接头须取木枝肥嫩，花芽盛大，平圆而实者为佳⑱。虚尖者无花矣。

栽花法⑲　凡欲栽花须于四五月间先治地⑳。如地稍肥美，即翻起深二尺，以耒去石瓦砾㉑。皮频锄削勿令生草㉒，至秋社后九月以前栽之。若地多瓦砾或带碱卤则锄深三尺以上㉓，去尽旧土，别取新好黄土换填，切不可用粪，粪即生蛴螬而蠹花根矣㉔。根蠹则花头不大，而不成千叶也。凡栽花不欲深，深则根不行而花不发旺也㉕。但以疮口齐土面为佳㉖，此深浅之度也。掘土坑须量花根长短为浅深之准。坑欲阔而平㉗，土欲肥而细。更于土坑中心㉘，拍成小土墩子㉙，其墩子欲上锐而下阔，将花于土墩上坐定，然后整理花根，令四向横垂。勿令屈折为妙㉚，然后用一生黄土覆之，以疮口齐土而为准。

种祖子法㉛　凡欲种花子，先于五六月间择背阴处肥美地，治作畦，锄欲深而频。地如不佳，翻换如栽花法㉜。每岁七月以后，取千叶牡丹花子，候花瓶欲拆㉝，其子微变黄时采之，破其瓶子取子于已治畦地内，一如种菜法。种之不得隔日，隔日多即花瓶干而子黑，子黑则种之万无一生矣㉞。撒子欲密不欲疏，疏则不生，不厌太密。地稍干则先以水灌之，候水脉匀润㉟，然后撒子，讫把楼㊱，一如种菜法。每十日一浇，有雨即止。冬月须用木叶盖覆，有雪即以雪覆木叶上，候月间即生芽叶矣。生时频去草，久无雨即须日日浇灌㊲，切不得用粪。候至八月社后，别治畦分开种之，如

清　恽寿平《花卉册》之二《牡丹》　绢本　设色　计八开　纵29.9厘米
横22.2厘米　上海博物馆藏

栽菜法。如花子已熟，未曾治地③，即先取花瓶连花子㊴，掘地坑
窖之，一面速治地，候熟可种㊵。即取窖中子，依前法撒之，其中
间或有却成千叶者。

　　打剥花法㊶　　凡千叶牡丹，须于八月社前，打剥一番。每株上
只留花头四枝㊷，余者皆可截㊸。先接头于祖上接之㊹。候至来年二
月间，所留花芽间小叶，见其中花蕊切须子细辨认㊺，若花芽须平
而圆实，即留之，此千叶花也；若花蕊虚，即不成千叶，须当去
之，每株只留三两蕊可也，花头多即不成千叶而开头小矣。

［注释］

　　①接花法：嫁接繁殖牡丹的方法，为无性繁殖，是繁殖牡丹的主要方
法。

　　②秋社：秋分社日。

③祖子：牡丹种子。

④根：选作砧木用的牡丹花根。

⑤家祖子：驯化培育的园艺牡丹品种。

⑥津脉：指牡丹的"维管束"，像人体的脉络纹理，输送津液、养分。木实：木质部充实，枝条硬。

⑦山祖子：野生山牡丹。

⑧木虚：植株虚弱。

⑨接之多失，原作"接之多夭"，据宛委说郛、洛阳志改。失：失败。

⑩接头：接穗。

⑪根皮：砧木的皮层（形成层）。包含：砧木皮层把接穗包住，使砧木与接穗对齐。

⑫陡刃：嫁接刀切削接楦的角度大。

⑬根狭，宛委说郛本、洛阳志作"根浃"。带皮处厚而根狭：砧木与接穗的宽窄度不一致。

⑭接头多退出而皮不相对，宛委说郛、洛阳志作"接头多退而皮出不相对"。此句是说：接楦削得太斜，插入砧木时会退出切口，使皮层（形成层）对不齐。

⑮疮口：此处指接穗插入砧木的切口处。

⑯看睹，原作"看觑"，据宛委说郛、洛阳志改。看睹：看视，察看。

⑰勿令根下，原作"觑根下勿令"，据宛委说郛、洛阳志改。妒芽：根基处生出的"萌蘖芽"。

⑱平圆而实，原作"平而圆实"，据宛委说郛、洛阳志改。

⑲栽花法：即分株繁殖牡丹之法，古称"分花"。因牡丹枝条和根蘖芽多，须将大棵牡丹掘起分成小植株栽培，为古今最常用的繁殖方法。

⑳治地：深翻、平整土地。

㉑耒（lěi）：古代翻土农具。

㉒皮：地皮，地面。

㉓碱卤（lǔ），洛阳志作"感卤"，误。碱卤：不宜植物生长的碱卤土壤。

㉔蛴螬（qí cáo）：金龟子幼虫，体多弯曲，伤害植物根芽。蠹（dù）：

侵害。

㉕花不发旺，洛阳志作"花不旺"。

㉖疮口：此处指根与茎交接之处的原栽植痕迹。

㉗坑欲阔而平，原作"坑欲阔平"，据宛委说郛、洛阳志改。

㉘更于，原作"然于"，据洛阳志改。

㉙拍成，宛委说郛、洛阳志作"堆成"。

㉚屈折，原作"掘折"，据洛阳志改。

㉛种祖子法：播种繁殖牡丹之法，为有性繁殖。我国古代多数的牡丹品种，都是用播种天然杂交种子、从中择优筛选出来而培育成的。

㉜如栽花法，宛委说郛、洛阳志作"而栽花法"。

㉝花瓶：即牡丹的果实。它是子房内卵受精后，子房逐渐膨大发育成的蓇葖果。

㉞子黑则种之万无一生：牡丹种子是受精卵在蓇葖果内逐渐形成的。初为黄白色，近熟咖啡色，老熟为黑色。其结实率因雌雄蕊瓣化程度提高而降低。种子达到一定成熟度后，其萌芽能力随成熟度提高而减少。故牡丹采子喜嫩不喜老，以蟹黄色为佳，变成黑色则萌芽率变低。

㉟匀润，宛委说郛、洛阳志作"均润"。

㊱讫：指撒完子后。把楼：当是"耙耧"的假借，即用农具把土块弄碎耙平。

㊲无雨即须日日浇灌，原作"无雨即十日一浇灌"，据宛委说郛、洛阳志改。

㊳未曾治地，宛委说郛作"曾治地"，误。

㊴连花子，宛委说郛作"莲花子"，误。

㊵候熟可种：种子采收后，种子内部的生理成长还在继续，等候它完全成熟可种。

㊶打剥花法：牡丹剪枝除芽的方法。欧《记》："一本发数朵者，择其小者去之，只留一二朵，谓之打剥，惧分其脉也。"《牡丹八书》："正月下旬，根下有抽白芽者，即令削去，花必巨丽，谓之打剥。"

㊷花头：着生花芽。枝：花枝。长着生花芽而发育生长的枝条叫花枝。

㊸"余者皆可截"前，原有"已来"二字，据宛委说郛删。可截：可剪除。修剪花枝是为调整养分，保持株形。

㊹接头：接穗。祖：砧木。

㊺花蕊：此处当指由着生花芽发育的"花蕾"。

[译文]

嫁接繁殖法　嫁接牡丹一定要在秋分社日之后到九月前，其他时间都不适宜。要预先在两三年前就播下种子，只选择生长最旺盛的根茎作砧木为好。因园艺播种长出的实生苗花根肥而嫩，根嫩则"维管束"畅，津液养分充足，植株强实。野生山牡丹种子生长的根茎时间长，花根少而植株柔弱，作砧木嫁接容易失败。切削接槜须平而面广，使砧木的皮层把接槜包住。不能把接槜切削的斜度太大，切削的斜度大则嫁接处宽窄不一，接槜斜切面退出砧木皮层，不能互相对齐，脉理养分不通，就会枯死。接穗与砧木相接处要绑紧不能透风，也不能让砧木切口沾雨水，要用细土覆盖住，不要让人触动。嫁接月余须时时看视，不能让根下生萌蘖芽，生萌蘖芽就要分散养分，接穗就会枯萎。选择接穗要以芽体饱满圆实、健壮肥嫩的新生枝条为佳，虚弱尖小的花芽将来不会开花。

分株繁殖法　要分株栽花须在（农历）四五月间先整治土地。如果土地比较肥沃，就用耕具翻起二尺深，除去石块瓦砾，地面勤锄不让生杂草，到秋分社日后至九月前栽植。如果地多瓦砾或带盐碱（不宜植物生长），则要深挖三尺以上，除尽旧土，别取新好黄土替换填平，但切不可用粪土，否则就会生蛴螬伤害花根。花根受伤害则开的花朵不大，而且不成重瓣花。栽植牡丹不要太深，深了根不行开花不旺，要以原来栽种时根茎交接处的痕迹（疤口）与地面平齐为好，这是深浅适宜之度。挖土坑须衡量花根的长短作为深浅的标准。坑要宽大而平整，土要肥沃而细碎，更要在土坑中心拍个小土墩，上尖下宽，把新栽的牡丹植株置于土墩上坐定，然后整理花根，勿使卷曲，向土墩四面自然下垂，再用一些生黄土覆盖，以原根茎入土处与地面相齐为度。

播种繁殖法　要播种牡丹种子，先要在五六月间选择背阴处的肥沃土地，整治成畦，深翻常锄。土地如果不好，其深翻换土的方法就像分栽牡丹时遇到瓦砾碱卤土地那样。每年七月以后，选取重瓣牡丹种子，等到菁葖果将裂开，种子微微黄色，破开菁葖果皮，采取里面种子播种到已整治好的地畦里，一如种菜方法。播种不能隔日，如隔日多菁葖果皮发干种子变黑，用发黑的种子播种就万无一生。撒种子宜密不宜稀，稀了就生不出苗来，不厌其密。地稍干就浇水，等地里水分匀润然后撒子，撒完后把土块耙碎耧平，就像种菜一样。每十天浇一次，遇雨即停。冬天须用树叶覆盖，有雪时就把雪盖到树叶上，等过月余就萌芽生叶了。萌芽生叶时要常除草，久不下雨即须天天浇灌，但切不可用粪水。等到八月秋分社日后，另治田畦，把实生苗分株栽种，如栽菜苗的法子。如若牡丹种子已成熟而地畦尚未整好，就先摘下菁葖果连子一起，挖土坑窖藏起来，一面迅速整治地畦，等整好土地，种子完全成熟，马上取出窖藏种子，依照前法撒种，其中间或也能培育出重瓣牡丹来。

剪枝除芽法　所有重瓣牡丹，都须在八月秋分社日前进行一番剪枝、除芽工作。每株上只留着生花芽的花枝四枝，其余都剪去。先把接穗接到砧木上，等到来年二月间，接穗上所留花芽萌发出幼枝嫩叶，对其中显现的幼叶和花蕾还须仔细辨认，假若花蕾平圆肥实就保留，这是重瓣花；假若花蕾瘦弱，就不成重瓣花，必须当即除掉，每株只留三两个花蕾就可以了。花蕾留得多不会成重瓣花且开的花朵也瘦小啊。

[点评]

《洛阳花木记》之名见《宋史·艺文志》，撰人周序，正文仅见《说郛》。《说郛》是元末明初学者陶宗仪编纂的一部丛书。目前通行的《说郛》有两种本子：一是张宗祥先生根据北平图书馆所藏的三种明抄本和涵芬楼所藏明抄残本校理成书，于民国十六年（1927）由上海商务印书馆排印出版，世称"涵芬楼《说郛》一百卷本"。该本接近陶宗仪《说郛》旧貌，为现代学者考证、研究用的主要本子；二是明末清初人陶珽将《说郛》重编增补辑成一百二十卷，于清顺治三年（1646）由李际期雕版印行，世称"宛委山堂《说郛》一百二十卷刻本"，人谓"其中错误，指不胜屈"。周师厚的《洛阳花木记》两种《说郛》本俱收，但内容不一样。涵芬楼本只有周氏的《洛阳花木记》，题下注"一卷全抄"。宛委山堂本则把周氏的《洛阳花木记》一分为二，先把周氏《洛阳花木记》中的《叙牡丹》部分单独摘出，冠以《洛阳牡丹记》之名，作为牡丹谱的一种与欧《记》、陆《谱》等牡丹专谱列在一起；再把周氏《洛阳花木记》剩余部分仍以旧名，与《魏王花木志》、《南方草木状》等花木群谱列在一起。因为排列顺序《洛阳牡丹记》在前，《洛阳花木记》居后，后人失察，误认为周氏当年在洛阳写有二《记》，从此以讹传讹。如近年来出版的牡丹专著在介绍周师厚著述时，都说周氏先写了《洛阳牡丹记》，在此基础上又写了《洛阳花木记》，这种说法是本末倒置，究其根源，始作俑者当是重编《说郛》一百二十卷本的陶珽。乾隆年间四库全书本《说郛》，以及《古今图书集成·草本典》、《植物名实图考长编》、《香艳丛书》诸本所收的周氏《洛阳牡丹记》，都源自宛委山堂《说郛》，踵误至今。

涵芬楼本《说郛》所收《洛阳花木记》，署撰人为"宋周叙，鄞江人"。笔者认为当是《说郛》编者陶宗仪根据周氏《洛阳花木记》自序的落款："元丰五年二月鄞江周序"，误认为"周序"（"序"亦作"叙"）是撰《记》人的名字而移在题目之下；《宋史》编纂者也犯了同样的错误，他们看到的是陶宗仪《说郛》抄本，就以"周序《洛阳花木记》一卷"著录于《宋史·艺文志》中。实则"周序"是"周某自序"的意思，是周师厚自省其名。宋代没有一个叫"周叙（序）"的人撰写过《洛阳花木记》。

那么，何以知道《洛阳花木记》为周师厚所撰呢？宋人史铸撰《百菊集谱》六卷、《菊史补遗》一卷，该书是汇辑各家菊谱以及诸书所载有关菊的记事而成。卷一以《洛阳品类》为题，辑录了周师厚《洛阳花木记》的菊部。由于史铸的《百菊集谱》序中说"元丰中鄞江周公师厚所记洛阳之菊二十有六品，即《洛阳花木记》"，所以撰者应作周师厚。又，光绪三年（1877）新修的《鄞县志》卷五十五《艺文志》也作："《洛阳花木记》，周师厚。"

周师厚的《洛阳花木记》虽是记载洛阳花木及其栽培方法的专书，但洛阳的花木许多来自全国各地，集"天下四方所产珍丛佳卉"之大成，"天下莫能拟其美且盛"，故可视为当时中国花木的缩影。因此，周氏《洛阳花木记》可以说是继专门叙述岭南地区植物的《南方草木状》和记述北方（以洛阳为代表）草木的李德裕《平泉草木记》之后，我国最早的一部植物志，在中国古代生物科技史上占有重要地位。周氏《洛阳花木记》中的《牡丹记》，不单是对欧《记》的增补，更是对欧《记》的重大发展，且后来居上，不可低估，理由简说如下：

一、周氏《洛阳牡丹记》记载了欧《记》之后近半个世纪中洛阳牡丹的发展变化。周《记》较欧《记》晚出 48 年，周《记》问世时，欧公已谢世 10 年。欧公生前已惊呼"四十年间花百变"，距欧《记》问世 10 年后，"鞓红鹤翎岂不美，敛色如避新来姬"，欧公在洛时的上品牡丹已让位于新出品种。欧《记》之后的半个世纪里，正是洛阳牡丹变异发展的最快时期，优异品种推陈出新，层出不穷。如欧《记》中共列 24 个品种，其中重瓣（千叶）品种 13 个，半重瓣（多叶）品种 8 个，单瓣（单叶）品种 3 个。释名记述的 21 个。到周《记》中已列 109 个品种，其中重瓣（千叶）59 个品种，半重瓣（多叶）50 个品种，不仅数量大大增加，而且单瓣（单叶）品种已遭淘汰，全为重瓣、半重瓣品种所取代，反映了半个世纪以来洛阳牡丹的发展趋势。在重点释名记述的 53 个品种中和欧《记》重复的只有 10 个。欧《记》中半重瓣（多叶）品种"一撮红"、"一百五"和单瓣（单叶）品种"甘草黄"，到周《记》时都已经演变成重瓣（千叶）花了。这有力地证明了园艺培壅条件的优化和人工栽培技术的提高，对牡丹品种由单瓣向半重瓣、重瓣的加速演进起了重要作用。

二、周氏对洛阳牡丹的研究较欧公用力更勤，周《记》的内容也更丰富。周氏在洛阳居官的时间比起欧公并不算长。欧公初仕洛阳，雄心勃勃，志在诗文革新并举起反西昆大旗，广交文友，欲在文坛、政坛大有作为，种种原因使他甚至连盛花期的洛阳牡丹都无暇观赏到。周氏则在吏事之余从容游赏，并博求前贤时彦谱录"按名寻访"，加之他仕洛前于熙宁中省亲途经洛阳时已游"精蓝名圃，赏及牡丹"，在仕洛的"岁余"时间里就把"甲第名园"里的"奇花异卉"，"十始见其七八"。亲眼观赏，实地调研，为他撰写《牡丹记》打下坚实基础。由于他的观察调研不局限于牡丹一花而广涉其他草木，所以他的《洛阳花木记》还记述芍药 41 种，杂花 82 种，果子花 147 种，刺花 37 种，草花 89 种，水花 17 种，蔓花 6 种，内容富赡，洋洋大观。单就《牡丹记》而言，欧公作《记》时无所依傍，自创体例，开山之作，功莫大焉。周氏则善于学习借鉴，博求精研，取长补短。他记取欧公未能把钱思公双桂楼小屏风上已经记录的"九十余种""花之名品"（尽管其"虽有名而不著，未必佳也"）记载下来，使后来人有"莫得而见焉"的遗憾，"因以余耳目之所闻见及近世所出新花，参校二贤所录者，凡百余品"，一一著录，为北宋中期洛阳牡丹留下一份极可宝贵的文献。

周《记》以花色分类，他把 109 个有名品种，选其特著者 53 个名品，依欧《记》先例，按其花色姿容、花瓣多少、花朵大小、形状特征、产地所出、奇异之处、得名由来，一一记述，有出蓝之胜，较欧《记》更为详尽。如被尊为"花王"的宋代极品"姚黄"，欧《记》仅记花之所出，何时传洛，洛阳亦罕见，周《记》则具体描绘"色极鲜洁，精采射人，有深紫檀心，近瓶青旋心一匝，与瓶同色。开头可八九寸许"，继而记其所出，传洛后水南水北开花亦不同，以及异于众花之处和洛人贵之的原因，既形象又具体，读之若见。

周《记》重视观察牡丹的突变和奇异特点，并用富于情趣的语言记述自己的观感，对奇特品种描绘尤详。如千叶黄花御袍黄，就是元丰时园植数百株野生山牡丹，"忽"于其中变化一种，因生在应天院神御花园，故称"御袍黄"。如记双头牡丹"双头红"、"双头紫"，"二花皆并蒂而生，如鞍子而不相连属者"。记复色牡丹如"二色红"，"于接头一本上，歧分为二色，一浅一深"。作者"始以为有两接头，详细视之，实一本也"。于是感叹"岂一气之所钟而有浅深厚薄之不齐欤"？记变色牡丹如"一捻红"，"初开时多青，拆开时乃变红耳"。又如"九蕊红"，"花开必先青，拆数日然后色变红"。记转枝牡丹如"转枝红"，"假若今年南枝千叶，北枝多叶；明年北枝千叶，南枝多叶。每岁互换"。记盛衰互易牡丹如"瑞云红"，它"色类魏花微深"，"然与魏花迭为盛衰，魏花多则瑞云少，瑞云多则魏花少"，作者惊叹道："意者草木之妖亦相忌嫉而势不两立欤？"对于奇特的多叶红花"承露红",作者更是工笔细描:"每朵各有二叶,每叶之近萼处,各成一个鼓子花样,凡有十二个,惟叶秒折展与众花不同,其下玲珑不相倚着,望之如雕镂可爱。凌晨如有甘露盈个,其香益更旖旎。"这一稀有而奇特的品种早已失传,赖周《记》所载,其旖旎之香,其玲珑之态,使近千载后的我辈如闻如见。

三、周《记》在欧《记》的基础上,对牡丹的繁殖栽培技术、传统管理经验,从理论分析到具体方法,总结得更深入细致,记述得更系统全面,更具操作性和实用性。以接花法为例,从选接头要"平而阔",削接头要"勿令作陡刃",接接头要"令根皮包含接头",缚接头要"系缚欲密",埋接头要"细土覆之",看接头要"勿令根下生妒芽",都作了详细说明和理论分析。再如栽花法,先从园圃土地的整治,不同土质采用不同的深耕和换填新土的方法,再到掘土坑的具体要求和栽花根的长短、覆土的深浅度以何为准,面面俱到,详而又详。其他如种祖子法、打剥法,讲"撒子欲密不欲疏,疏则不生",讲牡丹修剪技术,"凡千叶牡丹,须于八月社前,打剥一番。每株上只留花头四枝,余者皆可截"。对所留花芽,于来年二月间"切须子细辨认,若花芽须平而圆实,即留之,此千叶花也;若花蕊虚,即不成千叶,须当去之"。周《记》忠实而详尽地记录了宋代花工接、栽、种、管牡丹的一整套成功经验,其科学原理和方法,许多至今仍被沿用。

欧《记》和周《记》是宋代牡丹谱中的双璧,从中可以看到北宋前期、中期洛阳牡丹繁华烂漫的全貌和发展走势。但欧阳修的《洛阳牡丹记》流传极广,周师厚的《洛阳花木记》却知者甚少。因为欧阳修是大文豪,声名显赫,欧《记》又是牡丹谱的开山力作,除作者的全集外,《百川学海》、《说郛》、《山居杂志》、《群芳清玩》、《艺圃搜奇》、《墨海金壶》、《珠丛别录》、《云自在龛丛书》、《国学珍本文库》、《丛书集成》、《香艳丛书》等,都有收录。而周师厚《宋史》无传,其生平、仕履、著述,所知者极少。虽《续通鉴》和周氏故乡方志《四明志》载有其人,却只字未提他的《洛阳花木记》,直到晚清光绪三年新修《鄞县志》才有著录。虽有宛委山堂本《说郛》载有署名鄞江周氏的《洛阳牡丹记》,却被编者掐头去尾,阉割得失其全貌。涵芬楼本《说郛》收录《洛阳花木记》全文，撰人又被误题成子虚乌有的"周叙"，所以至今人们不知道周师厚的《洛阳花木记·牡丹记》的全貌应该是什么样子。直到1996年辽宁教育出版社出版的路甬祥为总主编的《中国古代科学技术史纲》一书问世后，在其以夏经林主编的《生物卷》中，才第一次把欧阳修的《洛阳牡丹记》和周师厚的《洛阳花木记》并提，足见它们在中国古代科学技术史上的重要地位。而夏先生在介绍周师厚《洛阳花木记》一书时，重点还是其中的《牡丹记》部分。

附录:《范尚书牡丹谱》撰者考略

王毓瑚《中国农学书录》云:"宋周师厚《洛阳花木记·自序》说:'博求谱录,得李卫公《平泉花木记》,范尚书、欧阳参政二谱。……范公所述者五十二品,可考者才三十八。'据此得知欧谱之前,还有此书,只是流传不广,所以宋代各家书目都没有著录。所谓范尚书,也不知为谁?"遂成中国牡丹文化史上的千古之谜。

笔者不顾浅陋,翻检有关资料,试作考证如下:

笔者认为考知撰《范尚书牡丹谱》的范尚书究系何人,起码需具备三个条件:(1)此"范"当在周师厚撰《洛阳花木记》前(宋神宗元丰五年即1082年)必获"尚书"之衔。(2)在西京洛阳有家园或在西京做过官。(3)喜爱牡丹且有作品可为佐证者。有幸的是,这本流传不广的《范尚书牡丹谱》除北宋人周师厚读过,南宋诗人李龙高也曾读过,并有诗为证。

南宋诗人李龙高生平事迹不详,从其诗作可知他秉承中国文人向往高标、敬仰孤清的习性,喜爱、崇尚梅花,著有《梅百咏》,已佚。今人编纂《全宋诗》时,从影印《诗渊》中辑得李龙高的咏梅七绝91首,七律1首;又从《永乐大典》卷二八一〇辑得《黄香梅》1首。此首与从《诗渊》所辑七绝《黄香梅》相同。编者将其编为一编,收入《全宋诗》卷三七六三中,这些咏梅诗当是李氏已佚的《梅百咏》的主要内容。在91首七绝中,有首题作《读范谱》的诗,看似是一首咏牡丹诗,实乃贬此赞彼的咏梅之作。原诗如下:

> 刘叟空将芍药夸,欧公浪谱牡丹花。
> 如君更把凡花品,俗了吴门一范家。

诗中的"刘叟",指刘攽（1023—1089），字贡父，号公非，临江新喻（今江西新余）人。庆历进士，为州县官20余年，迁国子监直讲。因反对王安石变法，出为地方官，后官至中书舍人。曾助司马光修《资治通鉴》。于熙宁六年（1073）撰《芍药谱》，有《公非先生集》。"欧公浪谱牡丹花"，指欧阳修景祐元年（1034）所撰《洛阳牡丹记》。诗的大意是：刘攽老翁撰《芍药谱》，空自把俗物芍药盛夸，欧阳文忠公著《洛阳牡丹记》，徒然谱记牡丹凡花。如君修《范谱》再把牡丹品评，不似宋璟孤直忠鲠，作《梅花赋》寄寓清白自守的感情，"富贵花"的凡俗之气岂不玷污了吴门卿相范家清雅高洁的形象！尽管李龙高不齿《范谱》，但却证明撰此《范谱》者当是大名鼎鼎的吴门范家人，这就大大缩小了搜求"范尚书"的范围，而具体到范仲淹父子身上。

根据前面提出的考知"范尚书"究系何人的三个条件，查范仲淹及其长子纯佑、次子纯仁、三子纯礼、四子纯粹五人，只有范仲淹和他的次子范纯仁具备或基本具备。

范纯仁（1027—1101），字尧夫，曾官吏部尚书，且于熙宁中提举西京留司御史台，有诗集五卷，多吟咏牡丹之作，如《牡丹二首》、《和王端太中〈牡丹〉》、《和文潞公〈归洛赏花〉》、《和君实〈姚黄、玉玲珑二品牡丹〉二首》等，具备撰《范谱》的条件。但范纯仁进礼部尚书时在元祐元年（1086），而周师厚早在元丰五年（1082）已撰成《洛阳花木记》，故可排除范纯仁是撰《范谱》的范尚书的可能。到元祐三年范纯仁拜尚书右仆射兼中书侍郎时，周师厚已于元祐二年去世了。

范仲淹（989—1052），字希文，苏州吴县（今江苏苏州）人，大中祥符进士，天圣中任西溪盐官。景祐二年（1035）权知开封府，次年上《百官图》议朝政，被指为朋党，贬知饶州。宝元三年（1040），西夏攻延州，他与韩琦同任陕西经略副使，改革军制，巩固国防。庆历三年（1043），任参知政事，进行革新，因保守派反对，罢去执政，出任陕西四路宣抚使，后知邓、杭、青等州。皇祐四年（1052）请颍州，途中病卒。赠兵部尚书，谥文正，《宋史》卷三一四有传。仲淹工诗词散文，喜爱牡丹。早在天圣中任西溪盐官时就写有《西溪见牡丹》诗："阳和不择地，海角亦逢春。忆得上林色，相看如故人。"由西溪小镇的牡丹想到洛阳皇家苑中之牡丹，遂生"相看如故人"的亲切感。景祐间贬官饶州，遇到一位早年在洛阳皇家御苑栽培牡丹的"苑中吏"，因获罪也被贬谪南来。范仲淹像白居易贬官浔阳遇琵琶女一样，顿生"天涯沦落"的感情共鸣，也像白氏为琵琶女作《琵琶行》一样为"花吏"作了一首长诗《和葛闳寺丞〈接花歌〉》，赞美"花吏"接种牡丹的高超技艺，并对其不幸遭遇深表同情。诗末有"西都尚有名园处，我欲抽身希白傅。一日天恩放尔归，相逐栽花洛阳去"诸句。"尚"，即还、犹、尚且的意思。此几句意为：西都洛阳我还有园林在，我愿仿效白居易归老洛阳。待你（花吏）天恩放归，我将跟随你学栽牡丹以尽天年。范仲淹在西都洛阳有宅园且多牡丹，在周师厚的《洛阳花木记·牡丹记》里可以找到佐证。周《记》："玉千叶，白花，无檀心，莹洁如玉，温润可爱。景祐中，开于范尚书宅山篦中。"上述征引文字说明，《范尚书牡丹谱》中的"范尚书"即周师厚的岳父范仲淹是有根据的。不过初撰《范谱》时还不能称为"尚书"，范宅也不能称为"范尚书宅"，直到皇祐四年（1052）范仲淹病卒，蒙仁宗皇帝恩赠"兵部尚书"荣衔，后人才改称其为"尚书"，就像欧阳修景祐元年（1034）撰《洛阳牡丹记》时还不能称"欧阳参政"一样。《范谱》撰于范仲淹生前，到周师厚撰《洛阳花木记》时至少已30年以上，故《范谱》中"所述者五十二品，可考者才三十八"。

但令人不解的是，论年辈、地位、声望、成就，范仲淹不亚于欧阳修，何以欧《记》宋代有著录，《欧阳文忠公集》有记载，并流传至今，而《范谱》宋代无著录，《范文正公集》亦无记载，且早湮没无闻呢？范仲淹早在天圣九年（1031）就将母亲的墓迁于洛阳龙门南万安山前，伊水之滨。其后，范仲淹及其四个儿子都葬于此，今称"范园"，可见吴门范家对洛阳情有独钟。但范仲淹一生没有在洛阳做官，也未久居洛阳。他喜爱牡丹并见于吟咏，但一生政务、军务繁忙，未必对洛阳牡丹做过深入研究，因此怀疑所谓《范尚书牡丹谱》当为《范尚书宅牡丹谱》，性质类似《冀王宫花品》一书。《范谱》中所记皆范尚书宅中的花品，撰《范谱》者当为范宅中稔熟花事的一位范姓花工或文人。故此《范谱》范仲淹集子不载，也不如欧《记》知名。李龙高诗中"如君更把凡花品"的"君"，指的应是撰《范尚书宅牡丹谱》的那位范公，所以李氏用批评的口气说此举"俗了吴门一范家"。以上皆推理之辞，未敢必是，仅提供一些资料线索，抛砖引玉，以待高明。

陈州牡丹记

〔宋〕 张邦基 著

陳州牡丹記

宋　張邦基

洛陽牡丹之品見于花譜然未若陳州之盛且多也園戶植花如種黍粟動以頃計政和壬辰春予侍親在郡時園戶牛氏家忽開一枝色如鵝雛而淡其面一尺三四寸高尺許柔葩重疊約千百葉其本姚黃也而于薛英之端有金粉一暈縷之其心紫蕋亦金粉縷之牛氏乃以縷金黃名之以縼篠作棚屋圍幛復張靑幰護之于門首遣人約止遊人人輸千錢乃得入觀十日間其家數百千予亦獲見之郡首聞之欲剪以進于內府衆園戶皆言不可曰此花之變易者不可爲常他時復來密此品何以應之又欲移其根亦以此爲辭乃已明年花開果如舊品矣此亦草木之妖也

蘇長公記東武舊俗每歲四月大會於南禪資福兩寺芍藥供佛而今歲最盛凡七千餘朵皆重跗累蕚繁麗豐碩中有白花正圓如覆盂其下十餘蕚稍大承之如盤姿格瑰異獨出於七十朵之上云得之於城北蘇氏園中周

卷四　陳州牡丹記　十一　香艷叢書

上海中国图书公司印行《香艳丛书》第十集卷四宋张邦基《陈州牡丹记》书影

张邦基，字子贤。生活于两宋之交，著有《墨庄漫录》十卷，史书无传。据《墨庄漫录》一书透露的信息及其他有关资料，勾勒其生平大略如下：

邦基生长于仕宦之家。伯父宾老名康国，《宋史》有传，扬州人，曾知枢密院事。伯父倪老名康伯，仕终吏部尚书。父亲曾在襄阳、陈州、真州等地做官。邦基大约生于哲宗绍圣年间。徽宗政和壬辰（1112）侍父于陈州，时十五六岁。约于丙申（1116）在真州行冠礼（20岁）。徽宗宣和（1119—1125）中，到过汴京，看到三馆藏书，欣赏过名艺人高超的奏阮技艺。宣和五年（1123）到吴中（今江苏南部）。钦宗靖康元年（1126）到过亳州（今属安徽）、南京（今河南商丘）。高宗建炎元年（1127）寓居扬州。故《四库全书总目提要》称：张邦基，高邮人。〔按：高邮，今江苏扬州市北，宋属扬州军。"军"为宋代地方行政区划名。另，张邦基《墨庄漫录》自序和他于绍兴四年（1134）五月十四日所写《清虚杂著跋》皆自署"淮海张邦基子贤"。"淮海"即扬州，古九州之一。《书·禹贡》："淮、海惟扬州。"〕以后曾官四明（即明州，治今浙江宁波市）市舶司。另，南宋李心传《建炎以来系年要录》卷三称：张邦基，通判庐州（今安徽合肥市）。他还到过杭州、润州。《墨庄漫录》中明确记载他的最后年份是绍兴十八年（1148），时其已50多岁了。（参看孔凡礼《墨庄漫录》点校说明）

《陈州牡丹记》是张邦基政和二年（1112）在陈州侍父时，根据自己的见闻写的一则有关陈州牛氏家变异牡丹"缕金黄"的纪事，收在《墨庄漫录》第九卷中。《墨庄漫录》是作者把一生中所闻、所见、所思、所考之事，随笔记录下来，共计300余则，内容丰富，范围广泛。所记之事既未归类，也无题目，也不按时间顺序。明末清初人陶珽自称是《说郛》编纂者元末明初人陶宗仪的远孙。他在重编陶宗仪《说郛》时，把《说郛》原一百卷增补为一百二十卷。同时把张邦基关于陈州牛氏"缕金黄"牡丹的纪事，从《墨庄漫录》一书中摘录出来，再加上摘录苏轼有关芍药的记述文字，冠以《陈州牡丹记》之名，作为牡丹谱的一种选入他增订的《说郛》中。李际期于清顺治三年（1646）把《说郛》一百二十卷刊刻面世，是为宛委山堂《说郛》刻本。从此，人们误认为张邦基著有牡丹专谱《陈州牡丹记》一卷，并且是与《墨庄漫录》并列的两种书，贻误至今。

为叙述方便，本书仍沿用陶珽重编《说郛》本《陈州牡丹记》的旧名，以孔凡礼为中华书局点校的"唐宋史料笔记丛刊"之《墨庄漫录》卷九为底本（因为孔校本采用多种善本精心校勘过，我们借用孔老的点校成果，但不用他拟加的《陈州牛氏缕金黄牡丹》题目），以清顺治三年宛委山堂刻本《说郛》（简称宛委说郛）、清乾隆四十四年（1779）《四库全书》本《说郛》（简称库本说郛）、上海中国图书公司印行的《香艳丛书》第十集（简称香艳本）为参校本，点校、注译。

洛阳牡丹之品①，见于花谱②，然未若陈州之盛且多也③。园户植花④，如种黍粟⑤，动以顷计⑥。

政和壬辰春⑦，予侍亲在郡⑧，时园户牛氏家，忽开一枝。色如鹅雏而淡⑨，其面一尺三四寸⑩，高尺许，柔葩重叠⑪，约千百叶⑫，其本姚黄也⑬。而于葩英之端⑭，有金粉一晕缕之⑮，其心紫蕊，亦金粉缕之。牛氏乃以缕金黄名之⑯。以篷簏作栅⑰，屋围帐⑱，复张青帟护之⑲。于门首，遣人约止游人⑳，人输十金乃得入观㉑。十日间，其家数百千。予亦获见之。

郡守闻之㉒，欲剪以进于内府㉓，众园户皆言不可，曰："此花之变易者㉔，不可为常㉕。倘他时复来索此品㉖，何以应之㉗？"又欲移其根㉘，亦以此为辞㉙，乃已㉚。明年花开，果如旧物矣㉛。此亦草木之妖也㉜。

[注释]

①品：品种，名目。

②见于花谱：当指欧阳修《洛阳牡丹记》、周师厚《洛阳花木记》、张峋《洛阳花谱》（此书今佚）及周《记》所说"范尚书"著《牡丹谱》（今佚）等。

③未若：不如。盛且多：花事繁盛，种植面积广，牡丹品种多。

④园户：以种植牡丹园艺为业的花农。

⑤黍粟：泛指庄稼。黍，高粱；粟，谷子。

⑥动：往往，每每。

⑦政和：宋徽宗赵佶年号（1111—1118）。壬辰：政和二年（1112）。

⑧侍亲：侍奉在父母身旁。郡：指陈州。时陈州属淮阳郡。

⑨鹅雏：幼鹅嫩黄的羽毛色。

⑩面：指花头，即花冠。按：据《曲洧旧闻》记载：大观、政和以来，花之变态很快，"其中姚黄尤惊人眼目，花头面广一尺，其芬香比旧特异，禁中号'一尺黄'"。张《记》所云"一尺三四寸"，亦是姚黄之变态者，

故在陈州引起轰动。又，宋制一尺，约当今市尺八寸，如"花大盈尺"约为 26 厘米。

⑪柔葩（pā）：柔细的花瓣。

⑫千百叶：指千叶型（即"重瓣"）牡丹，花瓣轮多，花片层层叠叠。叶，指花瓣。

⑬其本姚黄：本是姚黄的变态。

⑭葩英之端：花瓣的边端。即周《记》所说"叶杪"。

⑮金粉一晕缕之：（花瓣的周边）有一缕淡淡的金粉色。晕，色彩四周模糊的部分。这里是淡淡的意思。

⑯缕金黄：此花余鹏年《曹州牡丹谱》称"黄绒铺锦"，"细瓣如卷绒缕，下有四五瓣差阔，连缀承之，上有金须布满，殆张《记》所谓缕金黄者"。

⑰栅，宛委说郛、库本说郛、香艳本作"棚"。蘧篨（qú chú）：粗竹席。栅：栅栏，用竹、木等做的阻拦物。

⑱帐，宛委说郛、库本说郛、香艳本作"幛"。屋围帐：屋周围用布帐围起来。

⑲帟，宛委说郛、库本说郛、香艳本作"幧"。青帟（yì）：青色幕布。

⑳约止：限制，制止。

㉑十金，宛委说郛、库本说郛、香艳本作"千钱"。输：交纳。金：为古代计算货币的单位，引申为货币。

㉒郡守，宛委说郛、香艳本作"郡首"。郡守：官名。一郡之行政长官。宋改郡为府，知府亦称郡府。

㉓内府：犹内库，皇室的府库。这里指皇宫。

㉔花之变易者：牡丹的变态、变异。

㉕不可为常：不固定，非常态，不常有。

㉖倘，宛委说郛、库本说郛、香艳本无此字。

㉗何以，原作"□何"，据宛委说郛、库本说郛、香艳本改。

㉘欲移其根：谓掘其根贡御苑移栽。

㉙亦以此为辞：即也以上述不可剪送内府同样的理由为辞。

㉚乃已：才算停止（剪花、移根送内府的事）。

㉛旧物，宛委说郛、库本说郛、香艳本作"旧品"。

㉜草木之妖：令人惊奇的草木妖异现象。欧《记》称：凡物"不常有而徒可怪骇不为害者曰妖"。按：张邦基《墨庄漫录》关于陈州牛氏缕金黄牡丹的记述到此为止，全文共225字。宛委说郛、库本说郛、香艳本《陈州牡丹记》此后还缀有一段文字，乃陶珽所加，现抄录如下：

苏长公记东武旧俗："每岁四月，大会于南禅、资福两寺，芍药供佛，而今岁最盛，凡七千余朵，皆重跗累萼，繁丽丰硕。中有白花，正圆如覆盂，其下十余叶稍大，承之如盘，姿格绝异，独出于七千朵之上。云得之于城北苏氏园中，周宰相莒公之别业。此亦异种，与牛氏家牡丹并足传异云。"

因这一段不是张邦基文字，故不作校勘和注释，对其来历出处，放在后面点评时说明。

[译文]

洛阳牡丹的种类品第，见于《洛阳牡丹记》等花谱中，但是不如陈州牡丹的繁盛和品种众多啊。专种牡丹的花户种牡丹就像种庄稼一样，往往用百亩来计数。

徽宗政和二年（1112）的春天，我在陈州侍奉父母，时花户牛氏家园子里的牡丹忽然盛开一枝。花色如幼鹅嫩黄的羽毛而稍淡，花冠有一尺三四寸大，高有一尺左右，柔细的花片层层叠叠，有千百瓣，它原本是姚黄的变态吧。而在花瓣的边端，有一缕淡淡的金粉。它的花心为紫色花蕊，也有一缕金粉。于是牛氏就命名它为"缕金黄"。用粗竹席做护围栅栏，屋四周用布帐围起来，又用青色幕布覆盖上面保护它。在门前派人把守，限制游人入内，每人需交纳十金才得以进入观赏。十天时间，牛氏家就获利几十万钱。我也因此获得观赏"缕金黄"的机会。

陈州太守听说这件事，打算剪下"缕金黄"牡丹进贡给皇宫。众花户都说不可，他们说："这株缕金黄是牡丹的变态，不可能经常有。倘若朝廷再来索要这样品种的牡丹，拿什么去应付朝廷呢？"（太守）又打算移走这株缕金黄的根（供御园栽种），（众花户）又以上述理由为说辞，才算停止剪花、移根的事。到第二年牡丹开花时，那株缕金黄开的花，果然又如姚黄原来的样子了。这也是草木不常有的令人惊奇的妖异现象吧！

[点评]

张邦基《陈州牡丹记》是一则200多字的短文，但在我国牡丹文化史上却是赫赫名篇，不可因其短小而忽之。

李格非在《洛阳名园记·论》里说："园圃之废兴，洛阳盛衰之候也。"北宋晚期，金兵入侵，战乱迭起，荆棘铜驼，腥膻伊洛，西京洛阳的繁华兴盛已风光不再，牡丹栽培中心地位也东移到陈州江淮一带。张《记》是作者以目击者身份真实地记载了洛阳牡丹式微之后，天彭、亳州牡丹尚未兴盛之前，陈州牡丹称雄一时的盛况。"园户植花，如种黍稷，动以顷计。"陈州简直成了牡丹世界，品种花色"盛且多也"。

牡丹的演化过程，专家称按其时间先后可以分成四个阶段：第一，野生种引种驯化选育阶段；第二，芽条变异选育阶段；第三，自然杂交种子选育阶段；第四，人工授粉选育阶段。芽条变异选育阶段，主要是从唐宋时代开始的。朱弁《曲洧旧闻》卷四《牡丹花品》说："大观、政和以来，花之变态，又有在峋所谱（指张峋《洛阳花谱》）之外者，而时无人谱而图之。其中姚黄尤惊人眼目，花头面广一尺，其芬香比旧特异，禁中号一尺黄。"而张《记》所记的陈州"缕金黄"，正是"大观、政和以来，花之变态"者。朱弁感叹"时无人谱而图之"，可是年仅十五六岁的少年张邦基，却用他的生花妙笔，把"惊人眼目"的变态姚黄如图画般描绘出来："色如鹅雏而淡"，"柔葩重叠，约千百叶"，"其面一尺三四寸"，比"禁中"号称"一尺黄"的还要大许多，无怪乎成为陈州轰动一时的奇闻，人们叹为观止。张《记》所记的"缕金黄"，是姚黄芽条变异而产生的新品种，遗憾的是这"忽开一枝"的变异新种，由于陈州太守的干扰，欲剪花、移根"进于内府"也因为急功近利的花户牛氏，忙着"作栅"、"围帐"，借游人"入观"奇花牟利，未能及时采取有效措施，把忽变而来之的变异牡丹，用新技术保存其变异，选择育种，不断精心培育，固定其变异，直至新品种牡丹的出现，结果使"缕金黄"如昙花一现，稍纵即逝，到"明年花开，果如旧物矣"。直到明代,这一牡丹新种才以"黄绒铺锦"之名,出现在薛凤翔的《亳州牡丹史》中。余鹏年在他的《曹州牡丹谱》里说"黄绒铺锦","殆张《记》所谓缕金黄者"。从张《记》到薛《史》,陈州牛氏"缕金黄"新种,已晚了近400年,呜呼,惜哉!

张《记》里写陈州人不惜重金,争先恐后地到牛氏园子里赏牡丹,牛氏家也因"忽开一枝"缕金黄,十日间成了暴富。这情景和欧《记》里写魏花初出于魏相仁溥家园子时,"人有欲阅者,人税十数钱","魏氏日收十数缗"如出一辙。这一事实反映了人们爱美赏花、猎奇惊艳的共同心理,也说明牡丹作为观赏花卉具有很高的审美价值和经济价值。所以花市、花会、花卉贸易自古有之并相沿至今。

张邦基这篇牡丹小记,无论从文学角度、生物学角度还是从研究我国牡丹发展史的角度,都有重要意义,是我国牡丹文化学的重要文献之一。清代著名学者、文学家翁方纲为余鹏年所撰《曹州牡丹谱》赋诗三首,其二曰:"细楷凭谁续《洛阳》,影园空自写姚黄。挑灯为尔添诗话,西蜀陈州陆与张。"他把余鹏年的《曹州牡丹谱》视为继欧阳修《洛阳牡丹记》之后,可与陆游在西蜀写的《天彭牡丹谱》和张邦基在陈州写的《陈州牡丹记》并驾齐驱的牡丹著述,由此亦见张氏的《陈州牡丹记》在学人心目中的地位。

清 马逸 《国色天香图》 立轴 绢本 设色
纵 101.7 厘米 横 49.5 厘米 南京博物院藏

附录：《陈州牡丹记》后段文字非张邦基作

张邦基关于"陈州牛氏缕金黄牡丹"这则纪事，共 225 个字，像《墨庄漫录》中 300 余则其他纪事一样，既没有题目，也没有归类，漫录在他的《墨庄漫录》卷九中。

这则纪事，在清之前并未引起人们的特别注意。明末清初人陶珽在整理元末明初人陶宗仪所编笔纪丛书《说郛》时，随意性地把陶宗仪的《说郛》一百卷本重编增订为一百二十卷本，于清顺治三年（1646）由李际期雕版印行，世称"宛委山堂《说郛》一百二十卷本"。陶珽把张邦基这则纪事从《墨庄漫录》卷九中摘出，冠以《陈州牡丹记》之名，增补于"宛委山堂《说郛》卷一百四"中，并且在张邦基文字后面加上下面一段 109 个字的短文：

> 苏长公记东武旧俗："每岁四月，大会于南禅、资福两寺，芍药供佛，而今岁最盛，凡七千余朵，皆重跗累萼，繁丽丰硕。中有白花，正圆如覆盂，其下十余叶稍大，承之如盘，姿格绝异，独出于七千朵之上。云得之于城北苏氏园中，周宰相莒公之别业。此亦异种，与牛氏家牡丹并足传异云。"

从此，不愿以其见闻"非敢示诸好事"的张邦基"被撰"一卷 334 字的《陈州牡丹记》广泛流传开来。其后《古今图书集成》、《笔记小说大观》、《笔余丛录》、《中国牡丹全书》皆有收录。诸多书目如《中国农学书录》、《中国丛书综录》、《河南通志·艺文志》子部谱录类、《中国花经》附录二历代专类花谱类、《中国牡丹全书》附录七、《牡丹文献索引》、《洛阳市志·牡丹志·中国历代牡丹文献资料》等皆有著录。先贤张邦基地下有灵，见此不知做何感想。

那么，所谓张邦基《陈州牡丹记》后缀的那段文字，究竟出自何处？经查，出自《苏轼诗集》卷十四《玉盘盂》诗前小引。那是熙宁九年（1076）四月，苏轼任密州（治东武，即今山东诸城）太守时所写。按当地风俗，每年四月，人们要用芍药花到南禅、资福两寺供佛。该年佛事尤其盛大，所供芍药花七千余朵，萼瓣层叠，花冠丰硕，花色繁丽。在万紫千红的芍药丛中，有一株奇特白芍药出类拔萃，玉立其间。（《姑溪题跋》云："东坡守东武，得异花于芍药品中，既名之又赋二诗以志其事。"）这得于"芍药品中"的"异花"，即变异的白芍药花，花朵正圆，宛如覆置在白玉盘中的白盂（盂是盛食物的圆口器皿），姿容色态远超过其他七千余朵芍药花。据说此花出自城北后周故相莒国公苏禹珪的别墅苏氏花园，但花的名字俚俗不雅，名实不符。于是苏轼给它起了个形象的新名"玉盘盂"，并赋《玉盘盂》诗两首热情礼赞。上面那段文字便是苏轼《玉盘盂》诗前小引中的话。东武苏氏园的"玉盘盂"芍药和陈州牛氏园中的"缕金黄"牡丹，都属于生物演化过程中的"变异"现象，十分难得，引人惊奇，即欧阳修《洛阳牡丹记》所说凡物"不常有而徒可怪骇不为害者曰妖"。重编《说郛》的陶珽有感于此，连类而及，在他摘录张邦基《墨庄漫录》中关于"缕金黄牡丹"纪事一文编进《说郛》时，也把苏轼此诗前小引的话摘录下来附在张文之后，称"此亦异种，与牛氏家牡丹并足传异云"。问题在于陶珽把自己的话和苏轼此诗前小引中的话混在一起，不加说明和引文出处，致使后人误认为是张邦基《陈州牡丹记》所加的按语，以讹传讹。无怪乎人们认为陶珽重编的《说郛》错误很多，多有批评。其实，东武"玉盘盂"芍药比陈州"缕金黄"牡丹，还要早出 36 年。

平心而论，陶珽编张邦基文为《陈州牡丹记》，使张邦基关于陈州牡丹的纪事广为流传，把两宋之交，洛阳牡丹衰落、天彭牡丹尚未兴盛、陈州地区牡丹繁荣的现状真实记录下来，成为我国牡丹文化学中的重要文献之一，对研究我国牡丹发展史有重要意义，功不可没。但陶珽自拟书名，不作说明，致使后人以为张邦基除《墨庄漫录》十卷之外，还另撰一卷牡丹专谱《陈州牡丹记》传世，误导读者，踵误至今。陶珽把未经张邦基耳闻目验之纪事和《墨庄漫录》的文字连缀在一起，与张邦基《墨庄漫录》自跋所说"闻之审，传之的，方录焉"的录文原则大相径庭。因此，秉承张邦基《墨庄漫录》自跋遗嘱所言"览者或有所不然，愿为我笔削之"，删掉后缀那段文字，还张邦基原文以本来面目。近人张宗祥涵芬楼排印本《说郛》中就没有张邦基《陈州牡丹记》一书，符合陶宗仪《说郛》的原貌。

天彭牡丹谱

〔宋〕陆游 著

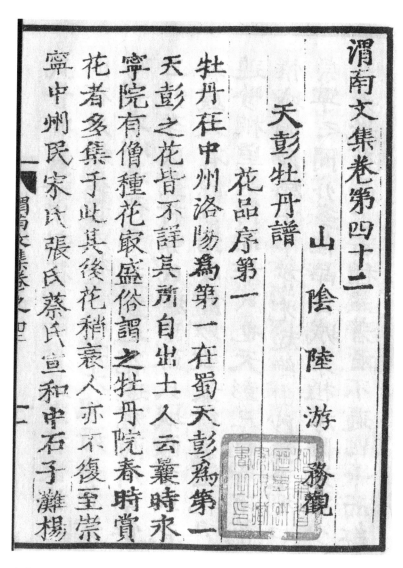

渭南文集卷第四十二

山陰　陸游　務觀

天彭牡丹譜

花品序第一

牡丹在中州洛陽為第一在蜀天彭為第一天彭之花皆不詳其所自出土人云襄時永寧院有僧種花寂盛俗謂之牡丹院春時賞花者多集于此其後花稍衰人亦不復至崇寧中州民宋氏張氏蔡氏宣和中石子灘楊

上海涵芬楼《四部丛刊》影印明华氏活字本宋陆游《渭南文集·天彭牡丹谱》书影

《天彭牡丹谱》一卷，南宋陆游撰。陆游（1125—1210），字务观，号放翁，越州山阴（今浙江绍兴）人。他出生于北宋末年，少年深受爱国思想熏陶，怀有从军抗金之志。高宗绍兴中应礼部试，因"喜论恢复"，为秦桧所黜。孝宗隆兴初，赐进士出身。乾道间入蜀，被主战将领四川宣抚使王炎辟为幕僚，投身军旅，驰骋于当时接近前线的南郑（今陕西汉中）一带。淳熙间，友人范成大镇蜀，邀他任参议官，时居成都，距以牡丹闻名号称"小西京"的天彭（今四川彭州）不远，陆游曾亲往观赏。后被召回临安（今浙江杭州），做了几任地方官。光宗绍熙间任礼部郎中，旋遭弹劾，再度罢官蛰居。宁宗嘉泰二年（1202）受召入朝修撰国史，役毕即辞官还乡。晚年在家乡山阴前后闲居20余年。

陆游是南宋伟大的爱国主义诗人，在词和散文方面也有很高成就。据明毛晋汲古阁刻《陆放翁全集》，计有《剑南诗稿》、《渭南文集》、《放翁逸稿》、《南唐书》、《老学庵笔记》等。

《天彭牡丹谱》一卷，写成于孝宗淳熙五年（1178），收在《渭南文集》中。陆《谱》仿欧《记》体例，分为三篇：一曰"花品序"，记述天彭牡丹的栽培发展史及分布情况，并按花的颜色分类次第，共记录65个牡丹品种；二曰"花释名"，对天彭牡丹特有的34个品种的名称、由来、花色、形态，一一做了描述，已见于欧《记》者，不再叙说；三曰"风俗记"，记载天彭一带人们养花、赏花的种种习俗。

本书以中华书局1976年版《陆游集》所收《渭南文集》卷四十二为底本（简称中华本）。中华书局版《陆游集》乃据宋嘉定十三年（1220）溧阳刻本作底本，用明活字本和汲古阁刻本校补而排印的。以宛委山堂《说郛》卷一百四刻本（简称宛委说郛），清乾隆四十四年（1779）《四库全书》之《说郛》卷一百四抄本（简称库本说郛），《古今图书集成·草木典·牡丹部》（简称集成本），《香艳丛书》第十集（简称香艳本），上海辞书出版社、安徽教育出版社出版的《全宋文》卷四九四五（简称全宋文）为参校本，点校、注译。

花品序第一

牡丹在中州，洛阳为第一。在蜀，天彭为第一①。天彭之花，皆不详其所自出。土人云：曩时永宁院有僧②，种花最盛，俗谓之牡丹院。春时，赏花者多集于此。其后花稍衰，人亦不复至。崇宁中③，州民宋氏、张氏、蔡氏，宣和中④，石子滩杨氏⑤，皆尝买洛中新花以归⑥。自是洛花散于人间，花户始盛，皆以接花为业。大家好事者⑦，皆竭其力以养花⑧，而天彭之花，遂冠两川。今惟三井李氏⑨、刘村毋氏⑩、城中苏氏、城西李氏花特盛。又有余力治亭馆，以故最得名。至花户连畛相望⑪，莫得其姓氏也⑫。天彭三邑皆有花⑬，惟城西沙桥上下，花尤超绝。由沙桥至堋口⑭，崇宁之间，亦多佳品。自城东抵蒙阳⑮，则绝少矣。大抵花品近百种，然著者不过四十。而红花最多，紫花、黄花、白花，各不过数品，碧花一二而已。今自状元红至欧碧⑯，以类次第之。所未详者，姑列其名于后，以待好事者。

明　陈道复　《牡丹》　扇面　纸本　设色　北京故宫博物院藏

状元红	祥云	绍兴春	燕脂楼	金腰楼
玉腰楼	双头红	富贵红	一尺红	鹿胎红⑰
文公红	政和春	醉西施	迎日红	彩霞
叠罗	胜叠罗	瑞露蝉	乾花	大千叶
小千叶				

右二十一品红花⑱

紫绣球	乾道紫	泼墨紫	葛巾紫	福严紫

右五品紫花

禁苑黄	庆云黄	青心黄	黄气球

右四品黄花

玉楼子	刘师哥⑲	玉覆盂

右三品白花

欧碧

右一品碧花⑳

转枝红	朝霞红	洒金红	瑞云红	寿阳红
探春球	米囊红	福胜红	油红	青丝红
红鹅毛	粉鹅毛㉑	石榴红	洗妆红	蹙金球
间绿楼	银丝楼	六对蝉㉒	洛阳春	海芙蓉
腻玉红	内人娇	朝天紫	陈州紫	袁家紫
御衣紫	靳黄	玉抱肚	胜琼	白玉盘
碧玉盘	界金楼	楼子红		

右三十三品未详㉓

[注释]

①天彭：即彭州。唐人李吉甫《元和郡县志》卷三一《剑南道上》："彭州……《禹贡》梁州之地。汉分梁州为益州，即汉益州繁县地也。垂拱二年，于此置彭州，以岷山导江，江出山处，两山相对，古谓之天彭门，因取以名州。"

今为四川成都西北彭州市。北宋末年，中原地区战乱迭起，到南宋时牡丹栽培中心南移至四川天彭。陆游在成都居官，撰《天彭牡丹谱》。

②曩（nǎng）时：昔日，从前。

③崇宁：宋徽宗赵佶年号（1102—1106）。

④宣和：宋徽宗赵佶年号（1119—1125）。

⑤石子滩，宛委说郛、香艳本作"右子滩"。

⑥洛中：洛阳。

⑦大家好事者：喜爱种植牡丹的大户人家。

⑧养花：栽培牡丹。

⑨三井，宛委说郛、集成本、香艳本作"三并"。

⑩毋氏，宛委说郛、香艳本作"母氏"。

⑪连畛（zhěn）：指田亩相连，不分界限。畛，界限。

⑫其，原作"而"，据宛委说郛、集成本、香艳本改。

⑬天彭三邑：南宋淳熙时，不知"天彭三邑"具体何指，北宋元丰（1078—1085）时，彭州辖四县，即九陇、永昌、蒙阳、导江，州治九陇县。（见《元丰九域志》卷七《成都府路·梓州路·彭州》）

⑭堋口：元丰时，为彭州九陇县堋口镇。（出处同上）

⑮蒙阳：元丰时，为彭州蒙阳县，在州东31里。（出处同上）

⑯欧碧：作为牡丹品种，"欧碧"第一次出现在陆游的《天彭牡丹谱》中。而实际在北宋宣和时此品种已出现于洛阳。张邦基《墨庄漫录》卷二："洛中花工，宣和中，以药壅培于白牡丹如玉千叶、一百五、玉楼春等根下。次年，花作浅碧色，号欧家碧，岁贡禁府，价在姚黄上。尝赐近臣，外廷所未识也。"

⑰从"金腰楼"到"鹿胎红"，花品排列顺序，集成本与其他各本不同。

⑱右：指右边所列，以上所列。古代的书文字竖排。

⑲刘师哥：当为"刘师阁"之误。详见周《记》注。

⑳右一品碧花，中华本、全宋文无"一品"二字，据宛委说郛、库本说郛、集成本、香艳本加。

㉑"粉鹅毛"下，宛委说郛、库本说郛、集成本、香艳本无"石榴红、

洗妆红"二品。

㉒六对蝉，香艳本作"人对蝉"。

㉓三十三品，宛委说郛、库本说郛、集成本、香艳本作"三十一品"。

[译文]

　　牡丹在中原，洛阳牡丹属第一。在四川，彭州牡丹属第一。彭州的牡丹，都不知起源自何地。当地人说：从前永宁寺院有僧人种植牡丹最多，人们俗称永宁寺为牡丹院。春天，赏牡丹的人多集中到此寺院。后来花事逐渐衰落，人们也就不再来此。徽宗崇宁年间，彭州人宋家、张家、蔡家，宣和年间，石子滩杨家，都曾到洛阳购买最新品种的牡丹回来。从此洛阳牡丹散布于彭州民间，种牡丹的花农开始多起来，都以种植嫁接牡丹作为职业。喜爱牡丹的大户人家，都竭尽他们的财力用来栽培牡丹，从而彭州牡丹在东、西两川名称第一。当今只有三井的李家、刘村的毋家、彭州城里的苏家、城西的李家牡丹开得特别繁盛。他们又有余力筑亭建馆养花，因此他们的姓氏最为出名。至于花农们种的牡丹虽田亩相连，一望无际，却没有人知道他们的姓氏。彭州的三个县都种牡丹，唯有城西沙桥上下，牡丹花尤其超众绝俗。从沙桥到堋口，徽宗崇宁时期，也有许多上佳品种。但从城东到蒙阳，则绝少优质佳品了。彭州牡丹品种近百种，可是最著名的不过四十种。彭州牡丹红色最多，紫色牡丹、黄色牡丹、白色牡丹，各不过数种，青绿色牡丹只一两种而已。今从状元红到欧碧，以色分类，次第列出。不能详分类别等次的，姑且把品种名字具列于后，等待喜爱牡丹又有鉴赏能力、区别等第的人去品评吧。

　　以下译文略。

花释名第二①

　　洛花见纪于欧阳公者，天彭往往有之，此不载，载其著于天彭者。彭人谓花之多叶者京花②，单叶者川花。近岁尤贱川花，卖不

状元红

复售③。花之旧栽曰祖花④。其新接头⑤，有一春两春者⑥，花少而富。至三春，则花稍多。及成树，花虽益繁，而花叶减矣⑦。

状元红者，重叶深红花⑧，其色与鞓红、潜绯相类⑨，而天姿富贵⑩，彭人以冠花品。多叶者谓之第一架⑪，叶少而色稍浅者谓之第二架。以其高出众花之上，故名状元红。或曰⑫：旧制进士第一人⑬，即赐茜袍⑭，此花如其色，故以名之。

祥云者，千叶浅红花，妖艳多态，而花叶最多。花户王氏谓此花如朵云状，故谓之祥云。

绍兴春者，祥云子花也⑮，色淡伫而花尤富⑯，大者径尺，绍兴中始传⑰。大抵花户多种花子，以观其变，不独祥云耳。

燕脂楼者，深浅相间，如燕脂染成，重趺累萼⑱，状如楼观。色浅者，出于新繁勾氏。色深者，出于花户宋氏。又有一种，色稍下⑲，独勾氏花为冠。

金腰楼、玉腰楼，皆粉红花，而起楼子，黄白间之，如金玉

双头红

色，与燕脂楼同类。

双头红者，并蒂骈萼㉑，色尤鲜明，出于花户宋氏。始秘不传，有谢主簿者㉑，始得其种，今花户往往有之。然养之得地㉒，则岁岁皆双，不尔则间年矣。此花之绝异者也。

富贵红者，其花叶圆正而厚，色若新染未干者㉓。他花皆落，独此抱枝而槁，亦花之异者。

一尺红者，深红颇近紫色㉔，花面大几尺㉕，故以一尺名之。

鹿胎红者㉖，鹤翎红子花㉗，色红，微带黄，上有白点，如鹿胎，极化工之妙。欧阳公花品有鹿胎花者，乃紫花㉘，与此颇异。

文公红者，出于西京潞公园㉙，亦花之丽者。其种传蜀中，遂以文公名之。

政和春者，浅粉红花，有丝头㉚，政和中始出㉛。

醉西施者，粉白花，中间红晕，状如酡颜㉜。

迎日红者，与醉西施同类，浅红花中特出深红花㉝，开最早，而妖丽夺目，故以迎日名之。

醉西施

彩霞者，其色光丽，烂然如霞。

叠罗者，中间琐碎，如叠罗纹㉞。

胜叠罗者，差大于叠罗㉟。此三品，皆以形而名之。

瑞露蝉，亦粉红花，中抽碧心㊱，如合蝉状。

乾花者，粉红花，而分蝉旋转㊲，其花亦富㊳。

大千叶、小千叶，皆粉红花之杰者。大千叶无碎花，小千叶则花萼琐碎㊴，故以大小别之。

此二十一品㊵，皆红花之著者也。

[注释]

①花释名：彭州牡丹花名解释。

②多叶者：这里"多叶"不单指"半重瓣牡丹"（又称"百叶"、"复瓣"），也包括"千叶"即重瓣牡丹。

③卖不复售：不再卖得出去。售，卖。

④旧栽曰祖花：过去用种子播种繁殖的牡丹开的花叫祖花。

⑤新接头：指长出的新枝。

⑥有一春两春者：有一年生枝、二年生枝的。

⑦花叶减矣，香艳本作"花叶色减矣"。花叶：花瓣。

⑧重叶：重瓣（千叶）牡丹。

⑨潜绯：即潜溪绯。

⑩天姿富贵：姿容天然，富丽华贵。

⑪第一架：与下面"第二架"，为"第一等"、"第二等"的意思。

⑫或曰：犹言"有的说"、"有人说"。

⑬旧制：科举考试制度。进士第一人：唐制，举人参加礼部考试，合格者赐进士及第，其第一名称状元。

⑭赐茜袍：即赐绯。唐制，五品以上官员授绯色袍服。茜，茜草，其根可作红色染料，故茜代指红色。

⑮祥云子花：用祥云牡丹种子培养出来的牡丹。

⑯淡伫（伫）：疑"伫"为"泞"形近而误。淡泞，水色明净的样子。白居易《送客回晚兴》诗："淡泞平江静。"

⑰绍兴（1131—1162）：宋高宗赵构年号。

⑱重跗累萼：花瓣外轮基部的绿色小片层层叠叠。跗，通"柎"，花萼。

⑲色稍下：花色稍次。下，次，差。

⑳并蒂骈萼：牡丹品种中偶尔会出现芽变现象，在一个枝干上并开两朵花，花萼对偶并列。

㉑主簿：官名。汉以后中央及地方郡、县均设主簿，但职事轻重有别。唐宋时县主簿掌簿册之事。

㉒养之得地：培养方法恰当，又有适当土壤、气候条件。

㉓色若新染未干者，宛委说郛、库本说郛、集成本无"未"字，香艳本作"色若新染，所异者"。

㉔深红颇近紫色，香艳本作"花性颇近紫色"。

㉕花面大几（jī）尺：花冠之大接近于尺。几，此为接近、将近、几乎的意思。

㉖鹿胎红：牡丹为异花传粉花卉，在良好的栽培条件下，经不断变异与选择，可以产生新的园艺品种，鹿胎红即属此类。

㉗鹤翎红，原作"鹤顶红"，据库本说郛、集成本改。

㉘乃紫花，宛委说郛、香艳本作"刀紫花"，库本说郛作"色紫花"。

㉙潞公：北宋大臣文彦博，庆历末由参知政事拜相，历四朝，前后任事50年，封潞国公，退居洛阳，有园。

㉚丝头：由雄蕊变异成的花丝，细长，顶端着生花药。

㉛政和（1111—1118）：宋徽宗赵佶年号。

㉜酡（tuó）颜：饮酒后脸上发红的颜色。

㉝特出：独出。特，独也。《庄子·逍遥游》："而彭祖乃今以久特闻。"

㉞如叠罗纹：像层层叠叠的丝罗般花纹。

㉟差大：略大。

㊱中抽碧心：花朵中的雌蕊变异成内彩瓣谓之"青心"（即碧心）。

㊲而分蝉旋转：（乾花）像两蝉分飞，花瓣呈旋转状。（而瑞露蝉牡丹，则像两蝉合抱状）

㊳其花亦富，宛委说郛、库本说郛缺一"富"字，集成本"富"作"大"，香艳本缺"亦富"二字，连上句成"而分蝉旋转其花"。

㊴小千叶则花萼琐碎：花萼一般呈绿色，此处小千叶的"花萼"，因萼片发生变异，完全瓣化成与牡丹同色的细碎"外彩瓣"，成花瓣而非萼片。此种现象称"萼片退化"。

㊵此二十一品：指以上从"状元红"到"大千叶、小千叶"，共21种彭州著名的红色牡丹。

[译文]

洛阳牡丹见于欧阳修《洛阳牡丹记》所载的，彭州往往都有，这里不再记载，只记那些在彭州最著名的牡丹。彭州人称复瓣牡丹为"京花"，称单瓣牡丹为"川花"。近年来人们尤其轻贱"川花"，卖都卖不出去。牡丹中用种子播种繁殖的牡丹叫"祖花"，它长出的新枝，有一年生枝、二年生枝的，花开得少但朵大富丽，到三年生枝的就开花渐多起来。等长成牡丹树

清 边寿民 《牡丹图》 册页 纸本 设色 纵28厘米 横41.1
厘米 四川省博物馆藏

时，花虽开得日益繁盛，而花瓣却日益减少。

状元红，重瓣深红色花，它的颜色与鞓红、潜溪绯相似，姿容天然，富
丽华贵，彭州人以它为彭州牡丹第一。其中瓣数多的称第一等，瓣数少而颜
色较浅的称第二等。因它品色高出于其他牡丹之上，所以名叫状元红。有人
说：旧时科举考试，进士中的第一名称状元，皇帝赐红色礼服，这种花的颜
色像皇帝赐给状元礼服的颜色，所以用状元红命名。

祥云，重瓣浅红色花，妖艳多姿，花瓣最多。花农王氏说此花如云朵样
子，所以称它祥云。

绍兴春，它是由祥云种子繁殖的牡丹，颜色明静淡红，花冠富丽，大的
直径上尺，高宗绍兴年间开始流传。大约花农们多用播种牡丹种子进行繁
殖，以观察其变化，不独祥云如此吧。

燕脂楼，深红浅红相间，像用胭脂染的一样，花瓣外轮的萼片层层叠
叠，花冠顶部高耸如楼台状。颜色浅的那种出自新繁勾氏家，颜色深的那种
出自花农宋氏家。还有一种，颜色稍次，燕脂楼牡丹独勾氏家堪称第一。

金腰楼、玉腰楼，都是粉红色花，花冠高耸如楼，黄色白色间隔，如黄金镶嵌白玉，跟燕脂楼模样类似。

双头红，一干两花相挨开放，花萼并列，红花绿萼，颜色尤为鲜丽，出自花农宋氏家。开始时栽培之法秘不外传，有位姓谢的主簿，得此花花种。现在花农们大都有此花。若栽培得法又有适当土壤条件，就年年都开双头花，不然则隔年才开双头花了。这是牡丹中少有的奇异现象。

富贵红，它的花瓣圆正而质厚，颜色像新染还未干的样子。其他花都凋零了，独此花抱在枝头，枯槁而不落，也是牡丹中的奇异品种。

一尺红，深红甚近于紫色，花冠之大接近一尺，所以用一尺红命名。

鹿胎红，是鹤翎红种子繁殖的牡丹，花红色，微微带黄，花瓣有白点，像梅花鹿胎儿身上的花斑，极尽大自然神工之妙。欧阳公《洛阳牡丹记》中有"鹿胎花"，乃紫色花，与此花的花色略有不同。

文公红，出自洛阳潞国公文彦博的花园，也是牡丹家族中的佳丽者。其品种流传到四川，就用文公命名它。

政和春，浅粉红色花，它的雄蕊变异成细长的花丝，此花徽宗政和年间才出现。

醉西施，粉白色花，花瓣中部粉红如晕，就像醉酒西施泛红的容颜。

迎日红，与醉西施同类，浅红色花中独出深红色花，在牡丹中它开得最早，且妖娆艳丽，所以叫它迎日红。

彩霞，花色光鲜绚丽，灿烂如彩霞。

叠罗，花蕊细碎，宛如层层叠叠的丝罗。

胜叠罗，略大于叠罗。以上三个品种，都是用它们的形态来命名的。

瑞露蝉，也是粉红色花，但花朵中间的雌蕊变异为内彩瓣，形成青心，像两蝉相合的样子。

乾花，粉红色花，像两蝉分飞，花瓣呈旋转状，花冠也大。

大千叶、小千叶，都是粉红色牡丹中的佼佼者。大千叶花瓣大，没有细碎花瓣，小千叶的萼片发生变异，完全瓣化成细碎的外彩瓣，所以就用花瓣的大小区别大千叶、小千叶两种牡丹。

从状元红到大、小千叶，这二十一个品种，都是彭州红色牡丹中最著名的。

紫绣球

紫绣球，一名新紫花，盖魏花之别品也。其花叶圆正如绣球状①，亦有起楼者，为天彭紫花之冠。

乾道紫②，色稍淡而晕红，出未十年。

泼墨紫者③，新紫花之子花也。单叶深黑如墨。欧公记有叶底紫近之。

葛巾紫，花圆正而富丽，如世人所戴葛巾状④。

福严紫，亦重叶紫花，其叶少于紫绣球，莫详所以得名。按欧公所纪，有玉板白，出于福严院。土人云此花亦自西京来⑤，谓之旧紫花。岂亦出于福严耶？

禁苑黄，盖姚黄之别品也。其花闲淡高秀，可亚姚黄⑥。

庆云黄⑦，花叶重复⑧，郁然轮囷⑨，以故得名。

青心黄者，其花心正青⑩，一本花往往有两品⑪，或正圆如球，或层起成楼子，亦异矣。

黄气球者，淡黄檀心⑫，花叶圆正，向背相承⑬，敷腴可爱⑭。

葛巾紫

玉楼子者，白花，起楼，高标逸韵⑮，自然是风尘外物⑯。

刘师哥者，白花带微红，多至数百叶，纤妍可爱，莫知何以得名⑰。

玉覆盂者⑱，一名玉炊饼，盖圆头白花也⑲。

碧花，止一品⑳，名曰欧碧。其花浅碧，而开最晚。独出欧氏㉑，故以姓著。

大抵洛中旧品，独以姚、魏为冠。天彭则红花以状元红为第一，紫花以紫绣球为第一，黄花以禁苑黄为第一，白花以玉楼子为第一。然花户岁益培接㉒，新特间出㉓，将不特此而已。好事者尚屡书之。

[注释]

①其花叶圆正，宛委说郛、库本说郛、集成本、香艳本作"其花间正"。

②乾道（1165—1173）：宋孝宗赵昚年号。陆游《天彭牡丹谱》写于孝宗淳熙五年（1178），故下文说（乾道紫）"出未十年"。

③泼墨紫者，宛委说郛、库本说郛、香艳本作"泼墨者"，集成本作"泼墨紫"。

④葛巾：用葛布制成的头巾。

⑤土人，香艳本作"上人"，误。

⑥可亚姚黄：当次于姚黄。可，当也。

⑦庆云：古人认为是一种祥瑞之气。《汉书·天文志》："若烟非烟，若云非云，郁郁纷纷，萧索轮囷，是谓庆云。喜气也。"

⑧重复，宛委说郛、库本说郛作"重馥"。

⑨郁然：犹郁郁，繁盛的样子。轮囷（qūn）：屈曲的样子。亦作"轮菌"。枚乘《七发》："中郁结之轮菌。"

⑩花心正青：就是花的雌蕊因变异瓣化成绿色内彩瓣，俗称"青心"，为正青色。

⑪一本花往往有两品：一株花的花干上往往有两种颜色不同、品种不同的花。

⑫檀心：花瓣上的色斑。

⑬向背，宛委说郛、库本说郛、香艳本作"间背"。向背相承：正面和背面花瓣脉纹清晰相接。向背，正面与背面。皇甫冉《雨雪》诗："山川迷向背，氛雾失旌旗。"

⑭敷腴（yú）：颜色光泽丰润。杜甫《遣怀》诗："两公壮藻思，得我色敷腴。"

⑮高标逸韵：高洁的品行，飘逸的神韵。

⑯风尘外物：超然纷扰世俗生活之外。《世说新语·赏誉》："太尉（王衍）神姿高彻，如瑶林琼树，自然是风尘外物。"

⑰莫知何以得名：此句前之"刘师哥"当是"刘师阁"之误。"刘师阁"的命名，周《记》已有说明，但周《记》宋时尚无刻本，且周氏没有欧公官高名大，而欧《记》宋代已有刻本。陆游淳熙五年（1178）撰《天彭牡丹谱》时，只看到欧《记》而不知有周《记》，所以对"刘师阁"莫

知何以得名。

⑱玉覆盂，宛委说郛、库本说郛、集成本、香艳本作"玉覆盆"。

⑲圆头：指花冠圆而鼓，如覆盂状。

⑳止，集成本作"只"。止：只，仅。《庄子·天运》："止可以一宿，而不可以久处。"

㉑独出欧氏：非出自彭州欧氏，而出自洛阳欧氏。因北宋时洛阳花工已培育出"欧碧"，见张邦基《墨庄漫录》。

㉒岁益培接：年复一年不断地培育嫁接。

㉓新特：原指不以礼嫁娶的外来婚配。《诗·小雅·我行其野》："不思旧姻，求尔新特。"毛传："新特，外昏也。"这里借指花农们进行有目的的人工杂交，选用优良的父母本进行辅助授粉，或"批红判白，接以它木，与造化争妙，故岁岁益奇"（李格非《洛阳名园记》语），用嫁接繁殖方法，从而不断产生（间出）新奇的牡丹品种。

[译文]

　　紫绣球，又名新紫花，大概是魏花的另一品种吧。它的花瓣浑圆整齐如绣球样，也有内彩瓣层叠耸起如楼台状的，当为彭州紫花第一。

　　乾道紫，花色较紫绣球稍淡而带红晕，此花新出至今不到十年。

　　泼墨紫，它是由紫绣球种子繁殖出的牡丹。单瓣深黑如墨色。欧公《洛阳牡丹记》中有种叶底紫牡丹与它近似。

　　葛巾紫，花冠浑圆整齐，富丽丰满，如世人戴的葛巾的样子。

　　福严紫，也是重瓣紫色花，花瓣比紫绣球少些，不知道为什么取这个名字。按欧公所记，有种玉板白牡丹，出自洛阳福严院。彭州人说此花也是从洛阳传来，叫它旧紫花。难道它也出于福严院吗？

　　禁苑黄，大约是姚黄的另一品种吧。它闲适淡雅，清高韵秀，当次于姚黄。

　　庆云黄，花瓣重叠，繁盛屈曲，如纷纷然祥瑞的庆云，因而取得此名。

　　青心黄，它的雌蕊变异瓣化成正青色内彩瓣，一株花干上往往开有两种颜色、品种不同的花，有的浑圆如球，有的花心高耸如楼台样，很奇异啊。

黄气球，花瓣上有淡黄色斑，浑圆齐整，花瓣的脉纹清晰，正面背面纹理相接，丰润可爱。

玉楼子，白色花，花心高耸如楼台，品行高洁，神韵飘逸，俨然如超乎凡尘世俗的高人。

刘师哥，花白色微微带红，花瓣多至数百瓣，纤柔妍丽，十分可爱，不知为什么取这个名字。

玉覆盂，又名玉炊饼，花冠圆形，是如覆盂样的白色花。

碧花，只此一种，名叫欧碧。花色浅青，开花时间最晚。独出欧家花园，所以用姓氏命名。

大概洛阳牡丹旧有品种，独以姚黄、魏花为首。彭州牡丹中，则红花以状元红为第一，紫花以紫绣球为第一，黄花以禁苑黄为第一，白花以玉楼子为第一。可是花农们年复一年精心地培育嫁接，新奇的品种近年来不断出现，将不止这些品种为最优吧。喜爱牡丹的人还会不断记录它们。

风俗记第三①

天彭号小西京②，以其俗好花，有京洛之遗风，大家至千本。花时，自太守而下③，往往即花盛处张饮④，帘幕车马，歌吹相属⑤，最盛于清明寒食时。在寒食前者，谓之火前花⑥，其开稍久。火后花则易落⑦。最喜阴晴相半时，谓之养花天⑧。栽接剔治⑨，各有其法，谓之弄花⑩。其俗有"弄花一年，看花十日"之语。故大家例惜花，可就观，不敢轻剪⑪。盖剪花，则次年花绝少。惟花户则多植花以牟利。双头红初出时，一本花取直至三十千⑫。祥云初出，亦直七八千，今尚两千。州家岁常以花饷诸台及旁郡⑬。蜡蒂筠篮⑭，旁午于道⑮。予客成都六年，岁常得饷，然率不能绝佳⑯。淳熙丁酉岁⑰，成都帅以善价私售于花户⑱，得数百苞，驰骑取之。至成都，露犹未晞⑲。其大径尺。夜宴西楼下，烛焰与花相映⑳，影摇酒中，繁丽动人。嗟乎！天彭之花，要不可望洛中㉑，而其盛已如此。使异时复两京㉒，王公将相，筑园第以相夸尚，予幸得与观焉㉓，其动荡心目，又宜何如也！明年正月十五日㉔，山阴陆游书。

[注释]

①风俗记：有关彭州牡丹花事、习俗的记述。

②小西京：五代晋自东都河南府（今洛阳）迁都汴州，以汴州为东京开封府，改东都河南府为西京。后汉、后周至北宋沿袭不变。彭州人喜爱牡丹有西京洛阳之遗风，故彭州号"小西京"。宋人汪元量《彭州歌》云："彭州又曰牡丹乡，花月人称小雒阳。"

③太守：官名。汉时为一郡的行政最高长官。宋时则为知府、知州的别称。

④张（zhàng）饮：同"帐饮"，在郊野设帷幕饯饮。

⑤歌吹：歌声和乐器吹奏声。杜牧《题扬州禅智寺》："谁知竹西路，歌吹是扬州。"

⑥火前：寒食节禁火之前。薛能《晚春》诗："征东留滞一年年，又向军前遇火前。"

⑦火后花，宛委说郛、库本说郛、集成本、香艳本作"火后"。

⑧养花天：指轻云微雨、阴晴相半，最适宜牡丹开花天气。僧仲休《越中牡丹花品·序》："泽国此月多有轻云微雨，谓之养花天。"邵雍《暮春寄李审言龙图》诗："养花天气为轻阴。"

⑨剔，原作"剥"，据宛委说郛、库本说郛、集成本、香艳本、全宋文改。

⑩弄花：花工栽接、打剥、整治牡丹。

⑪轻剪：轻率、随意地剪枝。

⑫一本花取直，宛委说郛、集成本、香艳本作"一本花最直"。直：同"值"。

⑬州家岁常，香艳本作"州家花时"。州家：州官。饷（xiǎng）：赠

送。诸台：旧时对高级官吏的尊称。旁郡：邻郡。此指邻州的州官。

⑭蜡蒂：用蜡封住花蒂。蒂，花与枝茎的连接处。筼（yún）篮：竹篮。筼，竹的青皮，引申为竹。

⑮旁（páng）午：交错，纷繁。

⑯率（shuài）：大率，通常。

⑰淳熙丁酉岁：宋孝宗淳熙四年（1177）。

⑱帅：宋代经略安抚司的简称。此当指成都安抚司长官。善价：优惠价。

⑲晞：干。

⑳相映，原作"相映发"，据宛委说郛、库本说郛、集成本、香艳本改。

㉑要：总。望：通"方"，比。《礼记·表记》："以上望人。"

㉒使：倘使。异时：他日，将来。两京：开封、洛阳。

㉓焉：于此，于其间。

㉔明年：淳熙丁酉岁之次年，即淳熙五年戊戌（1178）。

[译文]

彭州号称小西京，因彭州民俗喜爱赏牡丹，有洛阳人的遗风，大户人家植牡丹多达千株。牡丹盛开时，从知州以下，常常在牡丹盛开的地方设置帐幕宴饮，帐篷车马相连，歌声乐器吹奏声不断，最繁华的时候是在清明寒食时节。在寒食节前开的牡丹，称之"火前花"，它开的时间稍长。寒食节后开的牡丹，花容易落。牡丹最喜轻云微雨半阴半晴的天气，称这为"养花天"。牡丹的栽种、嫁接、打剥、整治，各有其法，称这些为"弄花"。彭州俗有"弄花一年，看花十日"之说。所以大家养成爱惜牡丹的习惯，只可就近观赏，不敢轻率剪枝。因为剪枝不当，到下年就开花极少。只有花农随意多植牡丹以卖花牟利。双头红牡丹初出时，一棵花值得三万。祥云牡丹初出时，一棵也值七八千，至今还值两千。州官每年以牡丹馈赠各同僚及邻州的州官。用蜡封住花蒂放在竹篮里，不停地奔走于道路上。我客居成都六年，每年常得到赠送的花，但通常不是最佳的品种。淳熙四年，成都安抚司长官以优惠价从花农那里买花，买得数百株，飞马取回，到成都花上的露水

明　徐渭　《四时花卉》（局部）　纸本　水墨　纵 29.9 厘米　横 1081.7 厘米
北京故宫博物院藏

还未干。那牡丹花冠盈尺。当夜设宴西楼下，烛光与花容交相辉映，花影摇
曳于美酒中，繁丽动人。呜呼！彭州的牡丹，总的不可与洛阳牡丹相比，但
已繁盛妍丽如此，倘使他日光复东、西两京，王公将相们筑园圃建府第，竞
相养花以夸美，我能有幸得以观赏于其间，那时赏心悦目的激动情怀，又该
如何形容为宜呢？淳熙五年正月十五日，山阴陆游撰。

[点评]

　　作为观赏花卉，牡丹的栽培与发展，与政治、经济、文化的发展有密切
关系，也与适宜牡丹生长的土壤、气候条件相关联。在我国唐宋时代，长
安、洛阳是我国的政治、经济、文化中心，黄河流域平原地带的土壤与气候
也有利于牡丹的栽培生长，所以唐代的长安、宋代的洛阳就发展成牡丹的栽
培中心。到北宋晚期，中原板荡，靖康之变，宋室南渡，我国北方陷入金人
统治之下，中原牡丹的繁华局面已风光不再。随着政治中心的南移，牡丹栽
培中心已由洛阳、陈州一带，转移到没有战乱，相对太平的四川成都、天彭
（彭州）一带。天彭遂有"花州"之誉。

　　相传天彭牡丹栽培始于唐代，因杜甫已有《天彭看牡丹阻水》诗（见

《中国牡丹全书》第一编第二章第二节），但查杜集和《全唐诗》，除《花底》诗外，未见杜甫有此诗。据胡元质《牡丹谱》及《蜀总志》、《成都记》所云：五代十国时，前蜀王建在成都建宣华苑，尚无牡丹。唯其舅徐延琼用重金从秦州（今甘肃天水一带）购得一株牡丹，植于自家新宅。到后蜀前主孟知祥时，才在宣华苑内"广加栽植，名之曰'牡丹苑'"。至后主孟昶广政五年（942），宣华苑内已经有了双头牡丹，并且出现同株红、白相间现象，花色已有深红、浅红、深紫、浅紫、淡黄、洁白等诸色，合欢重台牡丹花瓣多至五十，花面大至七八寸。后蜀亡，宣华苑牡丹散落民间，小东门外张百花、李百花诸户，都学会"培子分根，种以求利，每一本或获数万钱"。

北宋初，宋祁帅蜀。彭州太守朱君绰从花户杨氏园中选十品牡丹献给宋祁，他尤爱其中的"锦被堆"。宋祁在蜀四年，每年都按花名让彭州送花，遂成为定例。因为牡丹习性喜温凉恶湿热，既怕干燥又怕积水，而"彭州丘壤既得燥湿之中"，彭州人又偏得种牡丹之法（"土人种莳偏得法"），多取当地的单瓣"川花"为砧木，用来自洛阳的重瓣"京花"进行嫁接，致使"花开有至七百叶，面可径尺以上"者。从胡《谱》等载籍可知，成都、彭州一带栽培牡丹是从十国后蜀开始，到北宋时已相当普遍，且有相当高的栽培技艺。所以，当北宋灭亡，中原牡丹式微之时，我国牡丹栽培中心转移到西南地区成都、彭州一带，自然是顺理成章的事。

陆游淳熙年间居官成都六年之久，他受前贤欧阳修居官洛阳撰《洛阳牡丹记》的影响，也以自己的耳闻目睹、实地考察，撰就《天彭牡丹谱》，真实地记录了成都、彭州牡丹的发展历史与现实状况，成为南宋时期西南地区牡丹文化的经典文献，对研究我国牡丹的发展、演化及不同区域、不同气候带牡丹品种的转移过渡具有重要价值。

陆《谱》共记 67 个彭州牡丹品种，详为释名者 34 种，皆欧《记》"不载，载其著于天彭者"。其实这些"著于天彭者"，也非彭州新品，而多出于洛阳，不过这些新品宋初欧公作《记》时尚未出现，故不见记载。陆游没有读过周师厚的《洛阳花木记》，也没见到范尚书所著之《谱》、宋次道的《河南志》、张峋的《庆历花谱》。后三书已亡佚，难知其详。我们用周

牡丹谱   151

氏的《洛阳花木记》与陆氏的《天彭牡丹谱》对照，陆《谱》中的状元红、燕脂楼、金腰楼、双头红、文公红、紫绣球、泼墨紫、玉楼子及未详所出的转枝红、洗妆红、探春球、蹙金球、陈州紫等，周《记》里都已记载。首次出现于陆《谱》的碧色牡丹"欧碧"，据张邦基《墨庄漫录》所记，也是宣和中洛阳花工培育出的新品种。可见彭州牡丹和洛阳牡丹有显著不同，洛阳牡丹为多地、多元起源，既有本地区品种，如潜溪绯、姚黄、魏红、大叶小叶寿安等，分别来自龙门山、河阳（今孟州）、寿安（今宜阳）等洛阳附近地区的野生牡丹，经变异植株选育而来，也有来自丹州（今陕西宜川）的丹州红、延州（今陕西延安）的延州红、青州（今山东青州、潍坊一带）的鞓红及来自浙江绍兴的越山红楼子等品种。而彭州牡丹起源单一，主要是从洛阳引入的经长期风土驯化和杂交改良的中原牡丹品种，受四川当地野生牡丹影响很少。但由于勤劳智慧的彭州人"种莳得法"，很多花户"以接花为业。大家好事者，皆竭其力以养花"，中原牡丹在西南地区得以蓬勃发展，彭州遂成南宋时期中国牡丹的重镇。中原牡丹树性弱，植株一般矮小，如欧《记》说的"大抵洛人家家有花而少大树者"。而彭州牡丹树性较强，陆《谱》云："及成树，花虽益繁，而花叶减矣。"与陆游同时在蜀的范成大，吟咏彭州附近灌县牡丹坪的牡丹，有诗云："十丈牡丹如锦盖，人间姚魏敢争春。"（见胡元质《牡丹谱》）牡丹有"宜冷畏热"的习性，洛阳地处中原，属暖温带气候，宜于牡丹生长。成都、彭州处于四川盆地，属于中亚热带气候，而洛阳牡丹到那里依然能很好地生长，这说明经过长期栽培的中原牡丹，已经具备较广的生态适应能力。

陆《谱》还较详细地记录了彭州牡丹一些特有的生态现象。如"在寒食前者，谓之火前花，其开稍久。火后花则易落"。如鹿胎红，欧《记》里已有此品，但鹿胎红在洛阳开紫色花，到彭州则变成开红花微带黄色，两地花色不同。又如一干并生两花的双头牡丹，早在唐代高宗时就已出现，女诗人上官婉儿曾用"势如连璧友，心似臭兰人"赞美它。周《记》里记洛阳的双头红，因为"地势有肥瘠"的关系，会有时开千叶有时开多叶的区别。陆《谱》记彭州的双头红，不仅"并蒂骈萼，色尤鲜明"，还会因为"养之得地"与否（即培育方法好与不好），或年年都开双头，或隔年一开双头，陆游感叹这是"此花之绝异者也"。再如牡丹本是落花的花卉，过了花期花瓣就会零落殆尽。所以惜花怜香的诗人常为牡丹落花而惋惜。"且愿风留著，唯愁日炙焦。可怜零落蕊，收取作香烧。"（王建《题所赁宅牡丹花》）诗人兼美食家苏东坡不忍委弃秾艳，曾用牡丹的落花以牛酥煎食："未忍污泥沙，牛酥煎落蕊。"（苏轼《雨中看牡丹》）而陆《谱》则记有一种不落花的牡丹"富贵红"，"其花叶圆正而厚，色若新染未干者。他花皆落，独此抱枝而槁"，就像"宁可枝头抱香死"（郑思肖《题画菊》）的菊花一样，陆游惊叹其"亦花之异者"。

陆《谱》还总结出彭州人长期积累的许多种植养护牡丹的经验，提出的牡丹生物学上的一些新名词沿用至今。如他说"花之旧栽曰祖花"，即用原有种子播种繁殖的牡丹所开的花叫"祖花"。用某某祖花上采集的花粉授到作为母本的花朵上，使其受精结子，然后播种开出的花叫某某的"子花"。如"绍兴春者，祥云子花也"，"泼墨紫者，新紫花（紫绣球）之子花也"，等等。彭人已经很熟悉优质牡丹种子播种繁殖的方法培育出园艺牡丹新品种，"大抵花户多种花子，以观其变，不独祥云耳"。陆《谱》说：彭人"栽接剔治，各有其法，谓之弄花"。当地人流传"弄花一年，看花十日"的谚语，因为彭人深知"弄花"不易，赏花花期之短暂，所以彭人养成"大家例惜花"的良好习惯，"可就观，不敢轻剪"。彭人还把牡丹"最喜阴晴相半"的天气名之曰"养花天"，和僧仲休所说"泽国此月多有轻云微雨，谓之养花天"，及理学家邵雍咏牡丹诗句"养花天气为轻阴"不谋而合，成为牡丹养殖学流传至今的专用术语。

陆游是南宋伟大爱国主义诗人，一生写了9000多首诗。他的诗始终贯穿一个永不衰退的特色，即炽热的爱国主义精神。梁启超说陆游的诗"言恢复者十之五六"。这一爱国情怀也体现在他的其他体裁的著作中。如《天彭牡丹谱》是一卷花卉学方面的著述，本与政治、国事没有多大关联，但作者仍念念不忘与恢复事业联系在一起。他以诗人气质驰骋浪漫主义想象，在其《谱》尾写道："嗟呼！天彭之花，要不可望洛中，而其盛已如此。使异时复两京，王公将相，筑园第以相夸尚，予幸得与观焉，其动荡心目，又宜何如也！"可是到嘉定二年（1209）晚春，距他逝世只有几个月的时间，也未看到两京的光复。当他看见自己小花园里的牡丹，不禁联想到洛阳、长安昔日牡丹的盛况，而此牡丹之都至今仍在金人统治之下，于是慨然写下《赏小园牡丹有感》诗："洛阳牡丹面径尺，鄜畤牡丹高丈余。……周汉故都亦岂远，安得尺箠驱群胡！"直到临终弥留之际还写了绝笔诗《示儿》："死去元知万事空，但悲不见九州同。王师北定中原日，家祭无忘告乃翁。" 800 余年后的今天，我们可以告慰陆游这位一生眷念国家、钟爱牡丹的先哲：我们的国家已雄立于世界民族之林，你心爱的牡丹已成国人公认的国花，香满神州大地。牡丹品种已远远超过你所著的《天彭牡丹谱》中所记述的："大抵花品近百种，然著者不过四十。"而今中国牡丹名品上千，远播世界，爱花的诗翁可以瞑目了。

亳州牡丹史（节）

〔明〕 薛凤翔 著

清　蒋廷锡　《牡丹》　扇面　纸本　淡设色　北京故宫博物院藏

　　《亳州牡丹史》四卷，明薛凤翔撰。薛凤翔，生卒年不详。字公仪，亳州（今属安徽）人。明万历贡生，官至鸿胪寺少卿。出身名士门第，园艺世家。祖父、父亲皆嗜牡丹。其祖父于正德、嘉靖间筑常乐园，遍求他郡善本上品移植亳中，亳州有牡丹自此始。其父继常乐园而建南园，"表里灿如蜀锦"。凤翔博学多闻，与当时著名学者焦竑、文学家袁中道友善。他英年挂冠，退隐家居，继承祖、父遗业，以莳花学圃自娱。薛氏家园数十亩，花品千百计，日夕与花为伴，对牡丹作精深研究。所著《亳州牡丹史》四卷，据其友人邓如舟为《亳州牡丹史》撰《序》所署年份，当成书于明万历四十一年癸丑（1613）。该书仿《史记》纪传体例，分为：一曰纪，二曰表，三曰书，四曰传，五曰外传，六曰别传，七曰花考，八曰神异，九曰方术，十曰艺文志。搜罗面广，内容丰富。对亳州274个品种牡丹列名分类，品评次第，并对其中150多个品种作了形象细致的描绘，较先贤诸谱，记述尤详。虽因卷帙浩繁，有散漫芜杂之嫌，但不失为一部研究牡丹的较完备的资料。薛《史》为传抄的手抄本，故流传不广。明末清初人陶珽将薛《史》中的《牡丹表》、《牡丹八书》收入他的《说郛续》，有清顺治宛委山堂刻本（简称宛委说郛续）。《古今图书集成》将薛《史》中的《牡丹表》、《牡丹八书》和《传》部分的内容加以取舍改写而冠以《亳州牡丹史》总名，收入该书《草木典·牡丹部》中，有1934年上海中华书局影印活字本。

本书节录薛凤翔《亳州牡丹史》的有关部分，题作《亳州牡丹史》（节），以宛委说郛续本为底本，以《古今图书集成》本（简称集成本）和中国科技出版社出版的《中国牡丹全书》收录李冬生点注薛《史》的相关部分（简称全书本）为参校本，点校、注译。

牡丹表一^①·花之品^②

昔班孟坚作人表^③，次第有九^④；钟嵘评诗^⑤，列品惟四^⑥，则物之巨细精粗必有分矣^⑦。况于神花^⑧，变幻百怪，总归巨丽^⑨，藉使欣赏失伦^⑩，则何以答造化、谢花神乎^⑪？夫其意远态前^⑫，艳生相外^⑬，灵襟洒落^⑭，神光陆离^⑮，如伫如翔^⑯，欲惊欲狎^⑰，譬巫娥出峡^⑱，宓女凌波^⑲，故曰神品^⑳。至于玉润珠明，光华韶佚^㉑，瑰姿艳质^㉒，悸魄销魂^㉓，意者汉室之丽娟^㉔，吴宫之郑旦矣^㉕，故曰名品^㉖。亦有诡踪幻迹^㉗，异派殊宗^㉘，骈色流晖^㉙，不恒一态^㉚，岂龙骜乎^㉛？抑狐尾也^㉜？故曰灵品^㉝。若夫品外标妍^㉞，局中竞秀^㉟，盈盈吴氏之绛仙^㊱，袅袅霍家之小玉^㊲，故曰逸品^㊳。又有绛唇玉貌^㊴，腻肉丰肌^㊵，望灵芸于琼楼^㊶，阅丽华于藻井^㊷，都自撩人^㊸，总堪绝代^㊹，故曰能品^㊺。抑或媚色娟如^㊻，粉香沃若^㊼，徐娘老去，毕竟风流^㊽；潘妃到来^㊾，犹然羞涩。大雅不作，余响尚存^㊿，故曰具品⁽⁵¹⁾。作花品表⁽⁵²⁾：（花品表所列品种名，略。）

[注释]

①表：是记载事物，分类排列，按年次或类别列记事物的文字。

②花之品：牡丹的品种、品第。

③班孟坚：即班固（32—92），字孟坚，东汉史学家、文学家。著《汉书》，开我国纪传体断代史体例。又有《两都赋》、《白虎通》等著作。人表：指《汉书·古今人表》。

④次第有九：《汉书·古今人表》列古今人物为九等，为"九品"的起源。次第，次序、等第。

天香一品

⑤钟嵘（？—约518）：字仲伟，南朝梁文学批评家。评诗：指其所著
《诗品》，亦名《诗评》。

⑥列品惟四：《诗品》将汉魏至齐梁122位诗人分等列品，以其成就分
列上、中、下三品。薛氏谓"列品惟四"，有误。或将"三品"之外，不入
品者，另列一等。

⑦物：泛指各种事物。巨细精粗：犹言大小、好坏。必有分：必然有品
第、等级的分别。

⑧神花：指牡丹。因牡丹是花卉当中神秀灵异之物，故称。

⑨"变幻"二句：谓牡丹花姿花容，千变万化，是花卉中最美丽者。

⑩藉使：假使，倘若。欣赏失伦：鉴赏品评失于偏颇。伦，次序。

⑪答：回答。造化：创造孕育万物的大自然。谢：告诉。花神：司花
之神。

⑫夫其：句首语气助词，表明下面要发议论。意远态前：邈远的意态呈
于花前。

⑬艳生相外：艳丽的神韵生于形外。相，形貌。

⑭灵襟：灵妙的襟袖，喻牡丹的曼妙姿质。洒落：潇洒脱俗。

⑮神光：神奇的光彩，喻牡丹的迷人丰采。陆离：斑斓绚丽。

⑯如伫如翔：如凝神伫立之姿，如飘然飞翔之状。

⑰欲惊欲狎：似受惊骇的意象，似表亲热的神情。

⑱巫娥出峡：巫山神女飞出巫峡。宋玉《高唐赋》记楚襄王游云梦台馆，梦与一自称巫山之女相会，后人为之塑像立庙，谓巫山神女，号朝云。

⑲宓（fú）女凌波：洛水之神凌波而来。曹植《洛神赋》："余朝京师，还济洛川，古人有言，斯水之神，名曰宓妃。"相传伏羲氏女，溺死于洛水，遂为洛水之神。凌波，女子走路步履轻盈的样子。

⑳神品：鉴赏家品评书画，谓其极等者。元人夏文彦《图绘宝鉴》："故气韵生动，出于天成，人莫窥其巧者，谓之神品。"此指牡丹中的极等，最高品第。

㉑"至于玉润"二句：如美玉般莹润，如宝珠样明亮，光彩夺目，秀色飘逸。

㉒瑰（瓌）姿，集成本作"坏（壞）姿"，全书本作"环（環）姿"，皆误。瑰姿艳质：奇异艳丽的姿质。

㉓悸魄销魂：令人惊悸，夺人心魂。

㉔意者：想来大概是。《庄子·天运》："意者其运转而不能自止邪？"汉室之丽娟：汉武帝所宠幸的宫人丽娟。东汉郭宪《洞冥记》："帝所幸宫人名丽娟，年十四，玉肤柔软，吹气胜兰，不欲衣缨拂之，恐体痕也。"

㉕吴宫之郑旦：春秋末年越国美女名，相传与西施同时被越王勾践献给吴王夫差为妃。《越绝书·内经九术》："越乃饰美女西施、郑旦，使大夫（文）种献于吴王。"

㉖名品：为人所珍贵的著名品种。

㉗诡踪幻迹：谓花品由来，不知所出，变态新奇，莫辨踪迹。

㉘异派殊宗：谓志乘不载，先贤谱记亦未传述的奇异品种，盖经移栽嫁接所得，宗派殊异。

㉙骋色流晖：花色花姿诡异妖艳，形态多变。骋，放纵，姿任。流，放

荡，无定。

㉚不恒一态：其状百变，花冠花色不长久保持一种形态，变异很快。

㉛龙蓑（lí）：龙吐的涎沫。此处用典，以龙蓑借指褒姒。《国语·郑语》："夏之衰，有二神龙止于王庭……卜请其蓑而藏之。吉，及周厉王之末，发而祝之，蓑流于庭，化为玄鼋（yuán）。后宫童妾遇之而孕，生褒姒。"注："蓑，龙所吐沫。"褒姒，周时褒国女子，周幽王伐褒，褒侯进褒姒，为幽王所宠幸，立以为后。

㉜狐尾：指狐尾单衣。此处用典，以狐尾单衣借指孙寿。《后汉书·梁冀传》：冀妻孙寿，色美而善为妖态，作愁眉、啼妆、堕马髻、折腰步、龋齿笑以为媚惑。冀亦改易舆服之制，折上巾、拥身扇、狐尾单衣。李善注"狐尾单衣"曰："后裾曳地，若狐尾也。"按：薛氏以褒姒、孙寿的妖艳媚态，借喻牡丹繁衍出的冶丽妖异的品种。

㉝灵品：瑰丽灵异的品种。

㉞若夫：句首语气词。用以引起下文，有"至于说到……"的意思。品外标妍：品评牡丹，标榜妍姿。

㉟局中竞秀：赏花者在一起竞夸牡丹秀色。局，指看花局。仲休《越中牡丹花品·序》："越之所好尚惟牡丹，其绝丽者三十二种。郡斋豪家名族，梵宇道宫，池台水榭多植之。来赏花者，不问亲疏，谓之看花局。"竞秀，竞夸美色。

㊱盈盈：仪态美好的样子。吴氏之绛仙：指吴绛仙，隋炀帝宫人，得宠于炀帝，号为崆峒夫人。帝赐以合欢水果，绛仙以红笺诗谢。炀帝称曰："绛仙才调，女相如也。"

㊲袅袅：纤长柔美的样子。霍家之小玉：指霍小玉，唐传奇中妓女名。小玉为霍王婢所生，通诗书，善音乐，与陇西进士李益有约。后李益负约，积思成疾，悲恸而绝。见蒋防《霍小玉传》。

㊳逸品：物品中超众脱俗的品第。

㊴绛唇玉貌：朱红的口唇，如玉的容颜。

㊵腻肉丰肌：柔腻的体态，丰腴的肌肤。

㊶望灵芸于琼楼，全书本缺"楼"字。灵芸：薛灵芸，三国魏文帝所

爱之美人，常山人，年十五，容貌绝世。事见王嘉《拾遗记》。

㊷丽华：张丽华，南朝陈后主妃，以美色见宠。后恃宠弄权，紊乱纲纪，隋军陷台城，与后主藏宫内景阳井中，为隋军所擒杀。事见《陈书》附《后主沈皇后传》。藻井：对井的美称，此处指景阳井。“藻井”与上句“琼楼”对举而言。

㊸撩人：撩逗人心，不容人不动情。

㊹总堪：皆可。绝代：冠绝当代，举世无双。

㊺能品：犹言精品，古人评论书画的三品之一。元人夏文彦《图绘宝鉴》：“得其形似而不失规矩者，谓之能品。”

㊻抑或：表示选择的连词，有“或者”意。媚色：娇媚姿色。娟如：犹言娟然，明媚美好的样子。如，语助词。

㊼粉香：粉泽香气，此指花香。沃若：犹言沃然，香气盛满。《诗·卫风·氓》：“桑之未落，其叶沃若。”言桑叶茂盛。

㊽“徐娘”二句：指尚有姿色风韵的中年妇女。徐娘，南朝梁元帝妃徐昭佩。《南史·后纪传下》：“徐娘虽老，犹尚多情。”风流，风情，韵致。

㊾潘妃：南朝齐东昏侯之妃，小字玉儿，亦曰玉奴，有姿色，性淫侈。事见《南史·齐废帝纪》。

㊿“大雅”二句：雅正之声不起，而其流风余响尚存。意谓虽不是牡丹中的绝色极品，但国色天香的逸韵余馨尚在。大雅，诗六义之一。

(51)具品：具备等次、品第，犹言入流、入品。

(52)花品表：分等级排列牡丹花品次第之表。

[译文]

昔日班固著《汉书·古今人表》，把古今人物分为九等；钟嵘撰《诗评》，把古时诗人按其著作列为四品（按：应为“三品”）。世间事物无论大小好坏，必然有等级、品位的分别，何况牡丹花姿花容千变万化，是花卉中最美丽的神花，倘使对它的品评鉴赏有失偏颇，将何以回答造物之主，禀告司花之神呢？那些于品象之外意态邈远、神韵艳绝的牡丹，别具妙曼洒脱的丰姿、神奇斑斓的风采，或如凝神伫立，或如飘然飞翔，或如惊骇之态，或如亲昵之状，就像神女飞出巫峡，亦似宓妃凌波洛浦，因此称它们为神品。至于那些像美玉般莹润，像宝珠样明亮，光彩夺目，秀气飘逸，姿质瑰丽，夺人魂魄的牡丹，想来应是汉武帝宠幸的丽娟、吴王欢爱的郑旦托身幻化的吧，因此称它们为名品。也有那些品种变态，踪迹莫辨，嫁接新种，宗派殊异，志乘不载，谱记无名，姿色妖艳，花态多变的牡丹，难道它们是媚惑幽王的褒姒，或者是迷醉梁冀的孙寿变幻而成的吗？因此称它们为灵品。还有那些被品评家标榜妍姿，赏花者竞夸秀色的牡丹，像是仪态轻盈的隋炀帝宫人吴绛仙和模样柔美的李益爱妓霍小玉幻化而来，因此称它们为逸品。又有那些口唇如丹，容貌如玉，体态柔腻，肌肤丰腴的牡丹，如望居住琼楼的魏文帝所宠薛灵芸，似看藏在藻井的陈后主所爱张丽华，都能撩逗人心，皆可冠绝当代，因此称它们为能品。或者如那些娟媚妖好，粉泽香浓的牡丹，好像梁元帝的爱妃徐昭佩，徐娘半老，风韵犹存；又似齐东昏侯的潘妃玉儿乍来，尚自含情。虽然它们称不上牡丹群落中的雅正佳作，但国色天香的逸韵余馨尚在，因此称它们为具品。特作亳州牡丹花品次第表如下：（略）

牡丹八书

种 一①

　　种，以下子言，故重在收子，喜嫩不喜老②。七月望后③，八月初旬，以色黄为时④，黑则老矣。大都以熟至九分即当剪摘，勿令日晒，常置风中，使其干燥。中秋以前即当下矣。地宜向阳，揉土宜细熟⑤，界为畦畛⑥，取子密布土上，以一指厚土覆之，旋即痛浇⑦，使满甲之仁咸浸滋润⑧。后此无雨，必五日六日一加浇灌，务令畦中常湿。久雨则又宜疏通之。若极寒极热，亦当遮护。苗既生矣，则又俟时三年之后，八月之中，便可移根⑨。使如其法，再二年余，必见异种矣⑩。然子嫩者，一年即芽；微老者二年；极老者三年始芽。子欲嫩者，取其色能变也⑪；种阳地者⑫，取其色能鲜丽也。

栽 二⑬

　　牡丹虽有爱阴爱阳不同，大都自亳以南喜阴，不畏霜雪，北地寒气劲烈，阴则多为所伤⑭，以故不可一例言也⑮。又栽花不宜干燥，亦最恶污下⑯。江北风高土硬，平地可栽。江南卑湿⑰，须筑台高三尺许，亦不可太高，高则地气不接⑱。栽法之要，量其根之长短，准凿坑之深浅宽窄⑲。坑中心起一圆堆，以花根置堆上，令诸细根舒展四垂⑳，覆以软肥净土，勿掺砖石粪秽之物，筑土宜实不宜虚㉑。立秋至秋分栽者㉒，不可用大水浇灌，止以湿土杵实㉓，恐秋雨连绵，水多根朽。重阳以后栽者，须以大水散土渗实之㉔，布置每去二尺一本，庶根不交互㉕，花自繁茂。

分 三㉖

凡花丛大者始可分，第宜察其根之文理㉗，以利凿微㉘，引至裲裆之会㉙，乘其间而柝之㉚。每本细根亦须存五六茎㉛，或一株分为二，繁者分为三㉜。最要根干相称㉝，依法栽培，以需其茂者也㉞。但分后花自薄弱，而颜色尽失其故㉟，盖泄气使然耳㊱。不特根分而花弱色减㊲，即以全根原本移过别土，亦必三年而元气始复㊳，花之丰趺正色始见㊴，况远携者乎？今觅花者不知其故，动疑伪投㊵，鲜不诬矣㊶。花移近处，秋分前后无论㊷。已或二三百里外㊸，须秋分后方可，不然有气蒸根腐之虞㊹。千里外又须以土相和成淖㊺，以蘸花根，谓之浆花，花借滋养㊻，稍久可耐。又以席草之类包裹，不使透风，自无妨生意㊼。一人可负数十本，多则恐致损折。或近冬气寒，必加糠秕入裹中方妙㊽。

接 四㊾

《风土记》书接法不详㊿，亦不甚中肯綮(51)。凡接花须于秋分之后，择其牡丹壮而嫩者为母(52)。如一丛数枝，须割去弱者，取强盛者存二三枝。皆入土二寸许，以细锯截之(53)，用刀劈开。以上品花钗两面削成凿子形(54)，插入母腹(55)，预看母之大小(56)，钗亦如之。至于母口正者，钗固削正(57)；母口斜者曲者，钗亦随其斜曲，务要大小相宜，斜正相当。倘有本大而钗小者(58)，以钗就本之一边，必使两皮凑合(59)，以麻纰松缠之，其气庶几互相流通(60)，盖因脉理在皮里骨外之故(61)。后用土封好，每封覆以二瓦(62)，以避雨水。俟月余启瓦拨土，视母本发有新芽⁶³，即割去之，仍密封如旧。明年二月初旬，又启拨看视如前法。盖一本之气不宜泄于芽蘖⁶⁴，始凝注于接枝⁶⁵，本年花开倍胜原本矣。若不以旧法接修，漫然为之，必无生理。凡接须在秋分之后，早则恐天暖而胎烂也⁶⁶。养花之家，先须以老本分移单栽⁶⁷，候发嫩枝为接花母本也。隆庆以来⁶⁸，尚以芍药为本，万历庚辰以后⁶⁹，始知以常品牡丹接奇花⁷⁰，更易活也，故繁衍无既⁷¹。

[注释]

①种一：第一，播种繁殖。

②喜嫩不喜老：这是宋人已认识到的牡丹播种繁殖的宝贵经验。参看周《记》关于"种祖子法"的记载。

③望：望日。月光满盈时，常称农历每月十五日为望日。

④为时：为（收种子）最合适的时间。

⑤揉土：指犁耙、整治土地。细熟：指将土地整治得细碎、平整、无生土。

⑥畦畛（qí zhěn）：田园中用土埂分界所形成的小区。

⑦痛浇：浇透水。

⑧满甲之仁：牡丹种子的外壳。咸浸滋润：即"浸种"，把牡丹种子全浸泡水中，使坚硬的外壳（种皮）软化。

⑨移根：把实生苗移栽别地。

⑩异种：新品种。

⑪其色能变：促其开花的颜色能多变化。

⑫阳地：向阳的土地。

⑬栽二：第二，栽植方法。

⑭则，全书本作"者"。

⑮不可一例言也：不可一概而论。

⑯污下：积水不流的低洼地。污，水不流谓之污。

⑰卑湿：地势低下潮湿。卑，位置低下。

⑱地气：大地的自然之气。气，是一种极细微的物质，是构成世界万物的本原。王充《论衡·自然》："天地合气，万物自生。"

⑲准：参照的标准。

⑳令诸：使它的。诸，代词，相当于"之于"。

㉑筑土：指覆于坑里的土要捣坚实。《释名·释语言》："筑，坚实称也。"

㉒立秋、秋分：皆二十四节气里的节气名称。立秋在我国习惯作秋季的开始，在每年阳历的 8 月 8 日前后。秋分为每年阳历的 9 月 23 日前后，昼夜均而寒暑平，是我国北方秋收秋种时节。

㉓止：只，仅。杵（chǔ）实：用木棒捣实。杵，舂米或捶衣用的木棒，此用作动词。

㉔散（sǎn）土：细碎虚空的土壤。渗实之：用水浇透使虚土落实。

㉕庶根：旁枝须根。

㉖分三：第三，分株繁殖。

㉗第宜：只应。第，副词，只，但。宜，应当。文理：母株根部的脉理筋脉。

㉘凿微：从细微的根脉连接处用利凿劈开。

㉙引至：取至。裲裆（liǎng dāng），全书本作"裲裆"，误。裲裆：即马甲、坎肩或背心。《释名·释衣服》："裲裆，其一当胸，其一当背也。"王先谦《释名疏证补》："案即唐宋时之半背，今俗谓之背心。当背当心，亦两当之义也。"裆之会：指两条根会合交结的地方。

㉚柝，原作"折"，全书本同，今据集成本改。乘：趁着。柝（tuò）：分开。《淮南子·原道训》："廓四方，柝八极。"高诱注："柝，开也。"

㉛细根：根蘖（niè）。

㉜繁者：母株根蘖多的。分为三：分成多棵植株。三，泛指多数。

㉝根干相称（chèn）：分株后的分株苗与其新根、细根要保持匀称、相适。

㉞以需其茂者：以等待它茂盛生长。需，等待。《周易·需》："云上于天，需。"需，即等待天下雨。

㉟颜色尽失其故：分株后，瓣自单薄，花色尽失母株时原来的颜色。

㊱盖泄气使然：大概是失去原来的地气使它这样。

㊲不特：不独，不仅。

㊳元气：产生和构成万物的物质，或天地阴阳二气混沌未分的实体。《鹖冠子·泰录》：“天地成于元气，万物乘于天地。”可引申为自然生命力。

㊴花之丰跌正色始见：花由茂盛丰硕（丰）到受挫不振（跌）再恢复到正常的颜色（正色）。

㊵动疑伪投：常常因分根而花弱色减，怀疑花病，人为地把它抛弃。动，常常。投，抛弃，扔掉。

㊶鲜不诬矣：很少有不搞错的。鲜，少。诬，诬妄不实，引申为错误。

㊷无论：不论。

㊸已或二三百里外，此句下全书本缺“须秋分后方可，不然有气蒸根腐之虞。千里外”十八字。

㊹虞：忧患。杜甫《北征》：“维时遭艰虞。”

㊺淖（nào）：烂泥，泥沼。《左传·成公十六年》：“陷于淖。”此为泥浆的意思。

㊻滋，全书本作“兹"。

㊼生意：生机，生命力。

㊽糠秕（bǐ）：谷皮。

㊾接四：第四，嫁接繁殖。

㊿《风土记》：古代以《风土记》为名者很多，此当指《洛阳风土记》，见王象晋《群芳谱·牡丹》。

51中（zhòng）：正对上。肯綮（qìng）：筋骨结合处。典出《庄子·养生主》。后喻指关键要害处。

52母：母本，又称接本，即砧木。

53细锯：小锯。

54花钗：即接穗，又称接头，因其形似妇女首饰花钗，故名。凿子：木工挖槽打孔的工具，末端楔形。

55母腹：砧木劈开的切口里。

○56母之大小：指砧木劈开切口的大小。

○57固：必。

○58本大而钗小者：指接本（砧木）切口大而接穗削得小。

○59两皮：指接本与接穗的双方皮层（形成层）。

○60庶几：差不多。

○61脉理：筋脉。皮里：皮层（形成层）里。骨外：髓心外。骨，指根部木质化的髓心。

○62覆，全书本作"复"，误。二瓦：指用两块瓦合围填土置于其上。

○63新芽：即周《记》所说的"妒芽"，在实生幼年植株基部生出的"萌蘗芽"，俗称"土芽"、"脚芽"。

○64气：生气，生命力。芽蘗：即"萌蘗芽"，其萌发力特强，若不掰掉，就会蒸发水分，消耗营养，不能保持接穗的绝对优势。

○65接枝：嫁接苗生长出的新枝。

○66胎烂：新发的鳞芽易腐烂。

○67老本：历时久，多年生的牡丹。

○68隆庆（1567—1572）：明穆宗朱载垕年号。

○69万历庚辰：为万历八年（1580）。万历（1573—1620），明神宗朱翊钧年号。集成本作"万历庚子"，则为万历二十八年（1600），不知孰是？

○70常品牡丹：普通牡丹。奇花：贵重奇丽的上品牡丹。

○71无既：无尽。

[译文]

第一　播种繁殖

播种繁殖，从播种的种子说，重在从母株上采集优良种子，注意喜嫩不喜老。约农历七月十五后到八月初旬，以（蓇葖果皮由绿）变黄色为种子采收的最佳时间，若到（果皮）变黑再收种子就老了。牡丹大都在种子熟到九成时就要剪摘，不能让太阳暴晒，常放到通风的地方，使其干燥。中秋以前就要播种。播种的土地应向阳，要整治得细碎平整无生土，划分成田间小畦，把种子密密地撒播地里，覆盖一层一指厚的细土，立即把地浇透，使

明 《芙蓉鸳鸯》图轴 纵140厘米 横51厘米 北京故宫博物院藏

种子的外壳都浸泡软化。此后若天不下雨，必须五六天浇灌一次，务使田畦经常保持湿润。若久雨则须疏通积水。倘遇到极冷极热的天气，应当注意遮护保暖防晒。播种苗生出来了，要等长到三年后，于八月间便可移植别地了。仍使用原来栽培方法，再过二年余，必能见到新奇品种牡丹了。不过播种新嫩种子，一年就能发芽；稍老的种子二年发芽；很老的种子则三年才能发芽。要播种新嫩的种子，为促其开花颜色多变；而栽种的土地要向阳，是因（向阳性舒）开出的牡丹花颜色更加鲜丽。

第二　栽植方法

牡丹虽有爱阴凉、爱温阳的不同习性，大致说来，自亳州以南的江南地区牡丹喜阴凉，不怕霜雪的侵袭，北方寒气劲烈，阴冷，牡丹就会为寒气所伤，所以栽植不可一概而言。又如栽牡丹不宜干燥，也最厌恶积水不流的洼地。江北土地通风高燥，平地即可栽植。江南地势低下潮湿，须筑三尺左右的高台，但也不宜太高，太高就不接地气。栽植的要点，是根据实生苗根的长短，作为挖种植坑深浅宽窄的标准。在种植坑的中心堆起一个圆堆，把实生苗的根置于堆上，让多条细根在圆堆四周自然舒展下垂，然后用细软肥沃的净土覆盖，切不可掺杂砖石粪秽之物，覆土应捣实不可虚空。在立秋到秋分这一时段栽植的，不能用大水浇灌，只用水把覆土渗湿落实即可，恐秋雨连绵，积水多则花根容易腐烂。重阳后栽植的，则须用大水浇灌把覆土渗实。行距布置每隔二尺栽一株，使实生苗的旁枝须根不能相互交错，这样牡丹的植株自会繁荣茂盛地生长了。

第三　分株繁殖

凡是丛生根蘖芽多的大棵牡丹才可分株繁殖，只应观察母株根部的筋脉纹理，才有利于从细微的根脉处将其分开，取自母株（肉质根条）的会合交结处，趁其中间分割开来。每棵分株苗的根蘖，须保存五六茎须根。或一棵母株分为两棵分株苗，根蘖多的母株可分为多棵分株苗。最重要的是根、干保持匀称，依法栽培，以等待它茂盛生长。但分株后长势自然会薄弱，花色也会尽失母株时的颜色，大概是失掉原来地气使它这样吧。不独是分株使牡丹花弱色减，即使以母株的全根全棵移栽他地，也必然要三年才能恢复元气，牡丹由茂盛丰硕到移栽后受挫不振再恢复到正常的花色，需要有个过程，何况把牡丹携带到远方移栽，怎会不受影响呢？当今寻觅名品牡丹的人，不知其中道理，常常因远携牡丹移栽，见花弱色减就怀疑它而抛弃掉，很少有不搞错的。牡丹近处移栽，时间不论秋分前后均可，抑或远携二三百里移栽，也须在秋分后才行，不然的话因天热气蒸就有烂根之忧。若移栽千里之外，又须用土和成泥浆涂抹到花根上，称它为"浆花"，牡丹借此得到滋养，才能稍耐较长时间。还须用席、草之类把花根包裹起来，不让透风，这样才不妨生机。一个人只可背负几十棵，再多恐怕碰撞招致损折。倘或时近冬日，天气寒冷，一定在包裹里加入谷糠保温才好。

第四　嫁接繁殖

《洛阳风土记》记载牡丹嫁接方法不详，也不甚得要领。凡牡丹嫁接都须在秋分之后，选择肥壮而新嫩的祖子根为母本。如果一丛有数根枝条，须切去瘦弱者，留取强盛者二三枝，都在入土约二寸的部位，用小锯截断，用嫁接刀把砧木劈开，以上品牡丹作接头把两面都削成凿子形切面，插入到砧木劈开的切口里，预先看好砧木切口的大小，接头大小也与之相同。砧木切口正，接头也必须削正，砧木切口倾斜弯曲，接头也随之倾斜弯曲，务必要大小相适，斜正相当。倘遇砧木切口大而接头小时，要使接头贴近砧木切口的一边，一定使接头与砧木的皮层（形成层）密切结合，再用麻纰缠住，它们的气脉差不多可以互相流通，这是因牡丹的筋脉纹理在皮层里髓心外的缘故。最后用土封好，每棵上面用两块瓦（合围壅土）覆盖，以避雨水。等到月余掀掉瓦拨开土，见砧木发有萌蘖芽，就掰掉它，仍封土如旧。到明年二月初旬，再如前法拨土查看。因一株牡丹的生命力（营养、水分）不应消耗在萌蘖芽上，才能凝注于嫁接苗生长出的新枝，本年开花可倍胜于原母株所开之花了。倘不按旧法嫁接修剪，任其漫然生长，必无健壮生存之理。养花的人家，须先用多年生的牡丹老植株单独移栽，候其发出新嫩枝条作为接穗的母本。穆宗隆庆以来，尚用芍药根作母本，到神宗万历庚辰年后，人们已知道用普通品种牡丹作母本，用新奇上品牡丹为接穗进行嫁接，更容易成活，所以新品牡丹繁衍生息，永无止境。

浇 五①

初栽浇足，以后半月一浇，旱则旬日一浇②。水不喜多，亦厌其少。多则根烂，少则枯干。久栽之后，如冬不冻，两旬一浇，不浇亦无害。正月、二月宜数日一浇。三月花有蓓蕾③，或日未出或下④。春时汲新水，一二日一浇，夏则亦然。惟秋时不宜浇，浇则芽旺秋发⑤，明年难为花矣。吾乡颜氏于花盛开时⑥，花下以土封池⑦，满池注水，花可多延数日。浇用塘中久积水，尤佳于新水。以其水暖而壮故也⑧。浇水须如种菜法，成沟畦以水灌之，最省人力。不然力不敷而花涸⑨。二月以后，浇如不足，花单而色减也。

养 六⑩

新栽芽花⑪，遇冬月或以豆叶、柳叶围其根，嫩枝不寒，庶无损伤。《洛阳花记》云⑫，以棘数枝置花丛上⑬，棘气暖可以辟霜，亦一法也。久栽伏土⑭，根干苍老者不必尔⑮。牡丹好丛生，久自繁冗⑯，当择其枯老者去之，嫩者止留二三枝，一枝止留一芽、二芽⑰。亦喜削尽傍枝，独本成树⑱。至正月下旬⑲，根下有抽白芽者，即令削去，花必巨丽，谓之打剥⑳。根下宿草亦时芸之㉑，勿令芜茂，分夺地力。花将开前五六日，须用布幔席薄遮盖㉒，不但增色，自是延久。若一经日晒，神彩顿失。秋后，树上枯叶不可打落，叶落则有秋发之患。或自落太早，看胎将有发动㉓，须预以薄绢将胎敷严，始免其病㉔，不然则明春花损矣。

医 七㉕

花或自远路携归，或初分老本㉖，视其根黑，必是朽烂，即以大盆盛水刷洗极净，必至白骨然后已㉗，仍以酒润之本，本润易活㉘。谚曰"牡丹洗脚"，正谓此也。间有土蚕能食花根㉙，蝼蛄能啮根皮㉚。大概白花根甘多虫，白舞青猊与大黄更甚㉛。凡花叶渐黄或开花渐小，即知为蠹所损㉜。旧方以白蔹、砒霜、芫花为末㉝，撒其根下，近只以生柏油入土寸许㉞，虫即死。粪壤太过亦有虫病㉟。或病即连根掘出，有黑烂粗皮，如前洗净，另易佳土，过一年方盛，此医花之要。

忌 八㊱

栽花忌本老㊲，老则开花极小，惟宜尺许嫩枝新笋㊳。忌久雨，溽暑蒸熏㊴，根渐朽坏。忌生粪碱水灌溉，粪生则黄，碱水则败。忌盐灰土地㊵，花不能活。忌生粪烂草之所，多能生虫。忌植树下，树根穿花不旺。忌春时连土动移，即有活者花必薄弱㊶。忌花开折长㊷，恐损明岁花眼㊸。《牡丹记》云㊹，乌贼鱼骨入花树肤㊺，辄死，此皆花忌也。

[注释]

①浇五：第五，牡丹浇灌。

②一浇，全书本缺此二字。

③蓓蕾：含苞待放的花朵。

④或日未出或下，疑此句"下"前缺一"日"字，后缺"浇水"二字。此句当为"或日未出或日下浇水"。因牡丹浇水应注意地温的高低，欧《记》说："浇花亦自有时，或用日未出，或日西时。"《花镜》亦云："夏月灌溉必清晨或初更，必候地凉方可浇。"亳州地近南方，三月地温渐暖，故薛氏谓"或日未出或日下"方可浇水。

⑤秋发：秋天仍萌发新叶，消耗养分，影响明年开花。《群芳谱》称："八月剪枯枝并叶……浇频恐发秋叶，来春不茂。"

⑥吾乡颜氏：明代亳州颜姓养花家。薛凤翔《亳州牡丹史·本纪》："德靖间，余先大父西原、东郊二公最嗜此花……迨颜氏嗣出，与余伯氏及李典客结斗花局。"

⑦花下以土封池：指花下围土成穴，注水如小池状。盖花盛开时需要大量水分，此举可延长花时。

⑧其水暖而壮：因塘中久积雨水，水温暖且肥壮。

⑨力不敷而花涸（hé）：人力不足，浇水不及时，使花干枯。敷，足够。涸，水干。

⑩养六：第六，牡丹养护。

⑪芽花：含花芽的植株。

⑫《洛阳花记》：指欧阳修《洛阳牡丹记》。

⑬置花丛上：集成本作"置花丛小"，误。

⑭伏土：指经夏季休息和充分晒垡（fá，翻耕的土地），接纳雨水，利于禾苗生长的土壤。伏，时令名。农历夏至后第三庚日起为初伏，第四庚日起为中伏，立秋后第一庚日为末伏，三伏是一年中最热的天气。

⑮不必尔：不必这样。尔，代词，这样。

⑯繁冗（rǒng）：此指多余的冗枝。

⑰芽：牡丹鳞芽。

⑱独本成树：牡丹为木本花卉，有些品种树性强，长势旺，应去其旁枝、冗枝、弱枝，留其强枝，修剪成独干式"牡丹树"。

⑲至正月下旬，集成本无"至"字。

⑳打剥：对牡丹修剪、除芽。参看欧《记》、周《记》关于"打剥"的记述。

㉑宿草：隔年草。此当泛指杂草。芸：除草。

㉒布幔席薄：布帐席箔。幔，帐幕。薄，通"箔"，用苇子、秫秸编织的帘子。

㉓胎：花胎，即牡丹鳞芽内部的幼花蕾。一般肥大饱满，形态多样，不同品种各有不同颜色。发动：萌动。

㉔病：弊病，祸患。

㉕医七：第七，牡丹医防。

㉖老本：多年生牡丹的老根。

㉗白骨：白色肉质根条。

㉘本润易活，原作"本易和"，据集成本改。

㉙土蚕能食花根，原作"土蚕能蚀花根"，据集成本、全书本改。土蚕：小地老虎的俗称。幼虫于四五月间，白天潜伏土壤表层，夜间出土咬断幼苗根茎或咬食未出土的幼苗。

㉚蝼蛄：亦叫蝼蝈、蝲蝲蛄、土狗子。黄褐色或黑色，一对前足为挖掘足，适于挖土掘隧道。主要啃根皮，咬食嫩芽、幼苗。

㉛白舞青猊与大黄：明代亳州的上品牡丹。在薛氏《牡丹表》里白舞青猊属"逸品"，大黄属"神品"。

㉜蠹（dù）：害虫蛀蚀。

㉝白敛：杀虫药，见欧《记》。芫（yuán）花：瑞香科落叶灌木，春季花先叶开放，花蕾入药，味辛，有毒。

㉞生柏油，全书本作"生柑油"，误。

㉟粪壤太过亦有虫病：牡丹喜肥，但应适时适量，宜施淡肥、轻肥、熟肥，勿施生肥、浓肥，特别是对初栽的牡丹。《花经》云："切忌施浓肥，若误之，虽不立即枯萎，日渐必发霉而死。"故粪壤太过，亦招致病害。

㊱忌八：第八，牡丹禁忌。

㊲本老：老根。

㊳嫩枝新笋：分株后保留的新根嫩芽。

㊴溽（rù）暑：又湿又热。蒸熏：又蒸又闷。

㊵盐灰土地：盐碱性土壤和石灰性土壤，缺少有机质和氮、磷等养分。

㊶即有活者花必薄弱，集成本作"即活花必薄弱"。

㊷花开折长：花蕾破绽时而遭断折。长，长势。

㊸花眼：花芽的芽眼。开花期牡丹遭断折，使树体营养代谢失调，有损芽眼，影响明年开花。

㊹《牡丹记》：指欧阳修《洛阳牡丹记》。

㊺树肤，全书本作"树夫"，误。

[译文]

第五　牡丹浇灌

初栽的牡丹要浇透水，以后半月浇一次，旱时十天浇一次。浇水不能多也不能少，水多了就会烂根，少了就易干枯。栽的时间长了，如果冬天不上冻，两旬浇一次，不浇也无妨害。正月、二月应数日一浇。三月牡丹含苞待放，浇水或在太阳未出时，或在太阳落下后。春天要浇新水，一两天一浇，夏天也如此。只有秋天不适合浇水，浇水则芽旺易萌发秋叶，消耗养分，明年就难开花了。我的家乡姓颜的园艺家，于牡丹盛开时，在花下筑土为穴，注满水像个小水池，可延长花时数天。用池塘里久积的雨水浇花，比用新水浇好，因塘水的水温暖且肥壮的缘故。浇水须像种菜那样，在地里筑畦挖沟，引水灌溉，最省人力。不然的话，人力不足，浇水不及时，使花干枯。二月以后，如果浇水不足，牡丹就长势单薄，花颜失色。

第六　牡丹养护

新栽的含花芽的植株，到冬天或用豆叶、柳叶围住花根，使嫩枝不受寒冻，就不会损伤。欧阳修《洛阳牡丹记》上说，用数根酸枣树枝置于花丛上，因酸枣树枝气性暖和，可以避霜寒，也是养护牡丹一法。应栽植在经过夏日休息和充分晒垡的土地，但根干老壮的植株，就不必用这种方法。牡丹喜欢丛生，时间久了自会冗枝繁多，应当选择那些干枯衰老的枝条去掉它，只留下两三枝新嫩的枝条，每枝上只留一两个鳞芽。牡丹也喜削剪旁枝冗条，修剪成独干式的牡丹树。到正月下旬，根茎处发现有白色土芽，当立即削掉，花开时必会硕大艳丽，这种修剪、除芽的方法称为"打剥"。花根下的杂草也应及时除掉，不能让它荒芜漫长，分地力夺养分。在开花前五六天，就要用布帐席箔之类把花遮盖起来，不但养颜添色，还能延长花时。若一经太阳暴晒，就顿失花容神采。秋后，不要打掉牡丹树上的枯叶，否则秋天也会萌发新叶，有分散营养之患。倘若牡丹过早自动落叶，看到鳞芽有萌动之势，必须预先用薄绢将鳞芽严严绑紧，才能免除萌蘖枝的弊病，不然明春开花必受损害。

第七　牡丹医防

倘若从远方携带牡丹植株回来，或者从多年生牡丹的老根上分株移栽，若看到根部发黑，必定是腐败烂根了，就要用大盆盛水把根刷洗干净，一定要看见白色肉质根条才行，但仍须用酒擦拭滋润根条，根条洁净滋润才容易成活。谚语说"牡丹洗脚"，就是指此而言。间或有小地老虎咬食花根，土狗子啃根皮。大概是白色花的花根味甜，多招虫害，白舞青猊和大黄更严重。凡是牡丹叶子慢慢变黄，或花朵渐渐变小，就知道是被害虫蛀蚀了。旧法是用白芨、砒霜、芫花研成末，撒到花根下，近来只用生柏油渗入土中一寸的样子，就能把害虫杀死。土壤用粪肥过多也会招致病、虫祸害，倘若生病就当连根挖出，有发黑腐烂的粗皮，一如前面说的方法把根洗干净，另换好土，经过一年时间，才能茂盛如初。这是医治花病的要点。

第八　牡丹禁忌

栽花忌用牡丹老根，老根牡丹开花很小，栽花只适合用一尺左右的新枝嫩芽。忌久雨不停，又湿又热，又蒸又闷的天气，花根会渐渐腐烂坏掉。忌用生粪水和碱性水灌溉，浇生粪水牡丹泛黄，浇碱性水牡丹衰败。忌盐碱土壤和石灰性土壤，这样的土壤栽花花不能活。忌栽在粪秽多烂草丛生的地方，粪秽腐草多则易滋生病虫。忌栽在树下，树根能穿过花根，花难旺盛生长。忌在春天连土带根移栽，即使能存活下来，也必薄弱无力。忌花盛开时断折，有损长势和花芽芽眼，影响到明年开花。欧公《牡丹记》上说，乌贼鱼骨刺入牡丹肌肤，牡丹会很快死去，这都是养花的禁忌。

[点评]

薛凤翔继承欧阳修为洛阳牡丹撰谱的先例，给亳州牡丹作谱，但在表述方式上仿效司马迁《史记》纪传体例，不称"记"也不叫"谱"，而名之曰"史"，这在牡丹谱牒史上的确是别出心裁之举。

"表"是记载事物、分类排列、按年次或类别列记事物的文字。《史记》中的"十表"，是记载历史上各个时期的重大事件的简表。薛氏的《牡丹表》，则是学习史学家班固《汉书·古今人表》和文学批评家钟嵘《诗品》品评人物次第的方式，又取鉴唐代张怀瓘将历代书法家根据其作品分成神、妙、能三品，宋代黄休复将益州名画家根据其作品分作逸、神、妙、能四格的方法，根据自己对牡丹色泽、馨香、姿容、意态、神韵、丰采的审视、品

明　徐渭　《墨花九段卷》之《牡丹》　纸本　墨笔　故宫博物院藏

赏，把亳州 274 个品种牡丹分为神、名、灵、逸、能、具六品，并对其中
150 多个品种牡丹作了具体、形象的阐释。众所周知，古今中外对牡丹的分
类和品评各不相同，有从花色、花叶（瓣）、花头、花型、花期、种群等方
面分类的，而薛氏的分类品评法，则是前所未有、独一无二的。他受李白
《清平调词》三首、李商隐《牡丹》诗和丘道源《牡丹荣辱志》的影响，
把牡丹拟人化、女性化，把各品各色牡丹与众多的神女、仙姬、王妃、贵
妇、名媛、美姝联系起来，鱼次雁行，分品排第。使人赏名花，思美人，看
花如观美人图，按图思花，心醉天香，互为映衬，相得益彰。中国是个重神
韵和内涵的国度，此《牡丹表》的文化内涵和美学意蕴，不但为人们赏花
增添兴会，还给赏花者留下充分的想象空间，激发人浓郁的诗情，令人浮想
联翩，给人美感享受。这种美学品位分类法是一般植物学分类法无法比拟也
无可替代的。当今世界各国绿色消费热日益升温，花卉产业作为经济发展中
的支柱产业之一也日益兴盛，在现代商品生产中流行按类以品论价的方法，
因此薛氏的按牡丹美学品位分类法有其不可忽视的时代意义。诚然，薛氏的

分类法不是花卉学的科学的分类法，何况人们的美学观和审美意识因人而异，主观性强，只可意会，没有具体的量化标准，只可从中学习、借鉴牡丹品赏中重神韵、重内涵的方法罢了。

宋以前牡丹无名。欧阳修《洛阳牡丹记》说："自唐则天已后，洛阳牡丹始盛，然未闻有以名著者。如沈、宋、元、白之流，皆善咏花草，计有若今之异者，彼必形于篇咏，而寂无传焉。"至于署名韩偓《海山记》所说，隋炀帝建西苑，易州进赭红、鞓红、醉妃红、延安红云云，实为宋人杜撰，全系小说家言，不足凭信。自欧阳修《洛阳牡丹记》起，才总结出牡丹命名的几种方法："牡丹之名，或以氏，或以州，或以地，或以色，或旌其所异者而志之。"这些命名法的特点是纪实性强，质朴无华。宋人牡丹谱，从欧《记》、周《记》到陆《谱》都用此法。但自宋代起，牡丹栽培技术发展很快，"四十年间花百变"，争奇斗丽，日异月殊，新品种牡丹不断涌现，"奇奇怪怪，变变化化"，"日献奇贡艳于人耳目之前"，原来纪实性的牡丹命名之法已不能满足形势发展的需要。薛凤翔《牡丹表》对牡丹命名已经开始由纪实到含蓄，由外相到精神的转化，牡丹命名多从神韵、意态、气质、丰采着眼，从历史故事、神话传说、文化典籍、古代美人中比拟取象，如佛头青、观音现、太真冠、老僧帽、念奴娇、汉宫春、倚新妆、金屋娇、醉玉环、胜西施、玉兔天香、白屋公卿、杨妃深醉、飞燕红妆、添色喜容、藕丝霓裳、紫舞青猊、银红绝唱、绿珠坠玉楼、桃红万卷书……这些美丽典雅的命名和对牡丹品种生动形象的描绘，引人入胜，不仅如见花容，如闻花香，还能想象到花的舞动，花的歌唱。正如前人为《亳州牡丹史》撰序所说："每一展阅，不绘而色态宛然，不圃而品伦错植，虽赤暑玄霜，群芳凋后，亦复香艳袭人，不春而春也。"薛氏诗情画意的命名法和欧氏所总结出的纪实命名法，对后世牡丹的命名产生了深远的影响，翻开当今洛阳、菏泽等种植牡丹的重镇和全国各地牡丹园的图谱、品种一览表，其命名之法都可看出欧、薛先贤命名法的遗传。

再说薛氏的《牡丹八书》。"书"是记载的意思。《史记》有"八书"，是对自然界和人类社会的一些重大现象、重要问题（如天文、历法、水利、经济、礼、乐等）及其历史演变的分门别类的记载。薛氏《牡丹八书》援

佛头青

引史例，对牡丹栽培中的栽接剔治各法作全面记载，分别为种、栽、分、接、浇、养、医、禁八个方面。明代亳州是全国牡丹栽培中心，"刓花师种艺，竞巧不减单父。亳中相尚成风，有称大家者，有称名家者，有称赏鉴家者，有称作家者，有称羽翼家者"（薛凤翔《亳州牡丹史·本纪》）。而薛凤翔出身园艺世家，挂冠后莳花弄圃，潜心于牡丹研究，他"于古今载籍图书，无所不综，博于海内。名硕彦俊，无所不接纳"。"庋书万架，栽花万万本，而牡丹为最盛。公仪之于牡丹，其培之最良，而嗜之亦最笃。"（李胤华《牡丹史序》）薛氏一方面学习、继承前人积累的栽培牡丹的宝贵经验，一方面总结了薛氏自家世代栽培牡丹的实践经验，同时还交流、借鉴亳州园艺家和花户如颜氏、王氏、宋氏、杨氏、夏氏、郭氏、方氏、单氏的种花经验，是名副其实的牡丹园艺家、鉴赏家。他的《牡丹八书》是明代牡丹栽培技术、经验、理论的集大成者，全面、详细、具体，可操作性强，是牡丹园艺学上的经典文献之一。

薛凤翔《亳州牡丹史》容量大，内容丰富，资料性强，搜集、辑录了大量有关牡丹的历史掌故，诗词文赋，把科技文化与艺术文化相结合，使世人享受到牡丹文化的艺术魅力。但也因卷帙浩繁，多为手抄本，大部分未得刊行，流传不广，世人很少有知道的，影响力远不及欧《记》、陆《谱》。加之搜罗时兼收并蓄，未计剪裁取舍，因有芜杂之病。而已刊刻的《牡丹表》等部分，多用典、用僻典，有掉书袋之嫌，也影响到它的传播。《四库全书总目提要》评薛《史》说："然记一花木之微，至于规仿史例，为纪、表、书、传、外传、别传、花考、神异、方术、艺文等目，则明人粉饰之习，不及修谱之简质有体矣。"但瑕不掩瑜，薛《史》在我国牡丹文化史、谱牒史上的地位是不可忽视的。

曹州牡丹谱

〔清〕　余鹏年　著

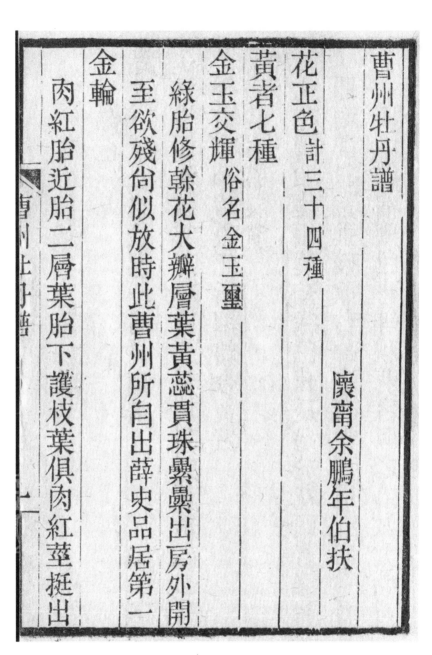

曹州牡丹譜

懷甯余鵬年伯扶

花正色計三十四種

黃者七種

金玉交輝 俗名金玉璽

綠胎修榦花大瓣層葉黃蕊貫珠纍纍出房外開
至欲殘尚似放時此曹州所自出薛史品居第一

金輪

肉紅胎近胎二層葉胎下護枝葉俱肉紅莖挺出

清光緒六年会稽赵氏刻《仰视千七百二十九鹤斋丛书》本余鹏年《曹州牡丹谱》
书影

《曹州牡丹谱》一卷，清余鹏年撰。余鹏年，生卒年不详。初名鹏飞，字伯扶，怀宁（今属安徽）人。清乾隆举人，与弟鹏翀（chōng）并有文名，工诗善画，著有《饮江光阁诗抄》、《梦笺书屋词》。乾隆五十六年（1791）任曹州重华书院讲席，与菏泽知县安奎文友善，受内阁学士、时任山东学政的翁方纲之托，撰《曹州牡丹谱》。

　　《曹州牡丹谱》写成于乾隆五十七年（1792）四月。该《谱》前有安奎文所撰序和作者自序，简叙历代先贤有关牡丹之记述和撰写该《谱》的因由和经过。《谱》后附记七则，摘录此前诸谱、记关于牡丹栽接剔治的经验，以及与曹州本地经验的异同。该《谱》以牡丹的正色（纯色）、间色（杂色）分类，记正色牡丹 34 种，间色牡丹 22 种，共计 56 种。记述各种花名、别称，得名由来及其色态姿容、显著特征。该《谱》是苏毓眉《曹南牡丹谱》失传后，和《新增桑篱园牡丹谱》等手稿本之前，第一部刊刻面世，全面详尽记述曹州牡丹的专著，受到翁方纲的好评，流传较广。

　　本书以光绪六年（1880）会稽赵之谦《仰视千七百二十九鹤斋丛书》刻本（简称鹤斋本）为底本，以中国农业科技出版社出版的由李保光、田素义编著的《新编曹州牡丹谱》所录的余氏《曹州牡丹谱》（简称新曹谱本）为参校本，因该本录自商务印书馆《丛书集成初编·学圃杂疏》补印本，并用武进陶氏《喜咏轩丛书甲编》印本校改过，故用其为参校本，点校、注译。

序

　　曹州牡丹之盛①，著于谈资久矣②，而纪述未有专书。怀宁余伯扶孝廉③，博学工诗，主讲席于此④。壬子春⑤，予以报最北上⑥，及旋役至曹⑦，伯扶为予言："二月抄，覃溪阁学师来按试⑧，试竣相见，属以花应作谱⑨。"伯扶因考之往籍⑩，征诸土人⑪，别其名色种族⑫，及夏月而谱成⑬。冬，予谒师于省垣⑭，受其谱而读之，厘然可备典故⑮。师因属予序，而付诸梓⑯。

　　昔欧阳公于钱思公楼下小屏间，见细书牡丹名九十余种，及其著于录者，才二十余种耳。今曹州乡人所植，盖知之而不能言，而士大夫博雅稽古者⑰，又或言之而不切时地。伯扶乃能订古今⑱，证同异，又附以栽接之法，俾后之骚人墨客⑲，皆得有所援据⑳。而予以莅事之余㉑，得闻师门绪论㉒，复得伯扶名笔㉓，以共传不朽，实与邑之人士胥厚幸焉㉔。故不辞而序其概如此。

　　　　　　乾隆癸丑春三月㉕，知菏泽县事宛平安奎文序㉖

[注释]

　　①曹州：北周武帝时置州，取曹国为名，州治左城（今山东曹县西北）。金移治乘氏（今菏泽）。清雍正时升为府，府治菏泽（今菏泽）。

　　②谈资：谈论的资料、话题。

　　③怀宁：今属安徽。伯扶：余鹏年字。孝廉：明清时对举人的称呼。

　　④主讲席：主讲学者，主讲老师。讲席，讲学者的席位。《陈书·张机传》："是时周弘正在国学……四弟弘直亦在讲席。"也称"讲座"。《陈书·岑子敬传》："因召入面试……令子敬升讲座。"

　　⑤壬子：清高宗乾隆五十七年（1792）。

⑥报最：汉制，长官考核下属，举其政绩优异者列名上报朝廷，又称"举最"。

⑦旋役：供职回来。

⑧覃溪阁学师：清乾嘉时期著名文学家、金石学家、内阁学士翁方纲（1733—1818），字正三，号覃溪。按试：巡行督考试士。时翁方纲任山东学政（掌管各省学校生员考课升降之事），乾隆五十七年来曹州督考。

⑨属：通"嘱"。叮嘱，托付。

⑩考：考察。往籍：从前有关牡丹谱记的书籍。

⑪征：征询，访问。土人：指曹州当地栽培牡丹的人。

⑫名色种族：指牡丹的名称、花色、品种、类别等。

⑬夏月：四月。《诗·小雅·四月》："四月维夏。"

⑭谒师：拜见老师。师，指翁方纲。省垣：省城学政官署。垣，官署代称。

⑮厘然：整理订正。厘，厘正。典故：典制、掌故之文献。

⑯付诸梓：交付书局雕版印书。诸，"之于"的合音字。兼有指代词"之"和介词"于"的作用。梓，经雕制以印书的木板，引申为印刷。

⑰博雅稽古者：学识渊博雅正，爱稽考古道的人。稽，考核。

⑱古今，鹤斋本原作"今古"，据新曹谱本改。

⑲俾（bǐ）：使。骚人墨客：原指能诗善文的人，此指风雅之士。

⑳援据：引以为据。援，援引。引他说为证。

㉑莅（lì）事之余：到官任事的余暇。

㉒师门：老师之门。王充《论衡·量知》："不入师门，无经传之教。"此指到翁公学政官署。绪论：犹"绪言"。《庄子·渔父》："曩者先生有绪言而去。"陆德明《经典释文》："绪言，犹先言也。"此当指翁方纲论花事之要和嘱其为余《谱》作序之事。

㉓名笔：名作，佳作。《晋书·乐广传》："（乐）广乃作二百句语，述己之志，（潘）岳因取次比，便成名笔。"此指余《谱》。

㉔厚幸：莫大的幸运。

㉕乾隆癸丑：乾隆五十八年（1793）。

㉖安奎文：宛平（旧县名，在今北京市丰台区）人，乾隆时举人。乾

隆五十三年（1788）出任菏泽县知县。

吴昌硕　《贵寿》　纸本　着色　纵 105 厘米
横 53.7 厘米　河北省博物馆藏

　　曹州牡丹的繁荣昌盛，作为人们谈论的话资由来已久，然而却没有记述它的专书。余鹏年举人，怀宁人，博学善诗，在我曹州重华书院主管讲学。乾隆五十七年（1792）春，我因向朝廷申报地方官员政绩优异者北上京城，供职毕回到曹州，鹏年对我说："二月末，内阁学士翁公覃溪师来巡行督考，考试完相见，嘱托我应为曹州牡丹撰谱。"鹏年于是考核过去关于牡丹的典籍，向曹州当地的花农征询调研，分别曹州牡丹的名目、花色、品种、族群等等，到四月就写出《曹州牡丹谱》。当年冬，我到省城学政官署拜谒覃溪师，他把鹏年所撰《谱》交给我，读后感到整理订正井然有序，足可当作养植牡丹的文献典籍。翁师就嘱我为《谱》写序，以备交付书局雕版印行。

　　昔日欧阳修在钱思公双桂楼下的小屏间里，看到详写九十多种牡丹的名字，到他撰《洛阳牡丹记》时，只著录二十四种罢了。今曹州花农种植牡丹，虽熟知花事却不会记述，而那些学识渊博爱好考古的文人，有的或能记述花事却不了解当今曹州牡丹的发展情况。鹏年却能考核订正古时牡丹与当今曹州牡丹的相同与不同，其《谱》还附有曹州栽培嫁接牡丹的方法，使后来爱花的风雅之士，都能引以为据。我在职事的余暇，得闻翁师关于花事的高论，又得鹏年《曹州牡丹谱》名作，可以共传不朽盛事，实乃与曹州人士共有的莫大荣幸，故不敢推辞而序其大概如此。

乾隆五十八年三月春，菏泽知县宛平安奎文序

自　序

　　《素问》①：清明次五日，牡丹华②。牡丹，得名其古矣乎? 考《汉志》③，有《黄帝内经》④；《隋志》⑤，乃有《素问》，非出远也⑥。《广雅》⑦：白术⑧，牡丹也。《本草》⑨：芍药，一名白术。崔豹《古今注》⑩：芍药有草、木二种，木者花大而色深，俗呼为牡

丹⑪。李时珍曰⑫：色丹者为上，虽结子而根上生苗，故谓之牡丹。昔谢康乐谓"永嘉水际竹间多牡丹"⑬。又苏颂谓山牡丹者，二月梗上生苗叶，三月花，根长五七尺⑭。近世人多贵重，欲其花之诡异，皆秋冬移接，培以壤土，至春盛开，其状百变。斯其始盛也欤⑮？唐盛于长安，在《事物纪原》⑯，洛阳分有其盛，自天后时已然。有宋，鄞江周氏《洛阳牡丹记》，自序求得唐李卫公《平泉花木记》，范尚书、欧阳参政二谱，范所述五十二品，可考者才三十八，欧述钱思公双桂楼下小屏中，所录九十余种，但言其略⑰。因以耳目所闻见，及近世所出新花，参校三贤谱记，凡百余品，亦殚于此乎？陆放翁在蜀天彭为《花品》云⑱，皆买自洛中。僧仲林《越中花品》绝丽者⑲，才三十二。唯李英《吴中花品》⑳，皆出洛阳花品之外。张邦基作《陈州牡丹记》㉑，则以牛家缕金黄傲洛阳以所无。薛凤翔作《亳州牡丹史》㉒，夏之臣作《评》，上品有天香一品，万花一品㉓。东坡所云"变态百出，务为新奇，以追逐时好者，不可胜纪"已㉔。曹州之有牡丹，未审始于何时，志乘略不载㉕，其散载于它品者㉖，曰曹州状元红、乔家西瓜瓤、金玉交辉、飞燕红妆、花红平头、梅州红、忍济红、倚新妆等，由来亦旧㉗。

予以辛亥春至曹㉘，其至也春已晚，未及访花。明年春，学使者阁学翁公来试士，谒之，问曰："作花品乎？"曰："未也。"翁公案试它府，去，缄诗至㉙，曰："洛阳花要订平生㉚"。盖促之矣。乃集弟子之知花事、园丁之老于栽花者㉛，偕之游诸圃，勘视而笔记之㉜。归而质以前贤之传述㉝，率成此谱㉞。欧阳子云：但取其特著者次第之而已。

乾隆五十七年四月十日怀宁余鹏年自序于重华书院㉟

[注释]

①《素问》：医书名。《黄帝内经》的一部分，为汇集各家中医学基础

理论的著作，是中医学重要典籍。

②"清明"二句：《素问》中有"清明次五日，田鼠化为鴽（rú），牡丹华"的记载。鴽，小鸟名。华，同"花"。

③《汉志》：《汉书·艺文志》。

④《黄帝内经》：简称《内经》。成书约在先秦至西汉间，是我国现存较早的重要医学文献。《汉书·艺文志》有"《黄帝内经》十八卷"的记载，但未提到《素问》。魏晋间皇甫谧《甲乙经·序》谓："今有《针经》（按：一般认为即《灵枢》）九卷，《素问》九卷，二九十八卷，即《内经》也。"

⑤《隋志》：《隋书·经籍志》。

⑥非出远也：意谓《素问》是隋朝才出现的书，故其书对牡丹的记载，历史并不久远。

⑦《广雅》：训诂书。三国魏张揖撰。篇目次序依据《尔雅》，博采汉人笺注及《三仓》、《说文》、《方言》诸书，增广《尔雅》而成，故名。是研究古代词汇及训诂的重要资料。

⑧白术：多年生草本植物，秋季开紫花。但这里的"白术"是"芍药"的别名，先秦时芍药、牡丹不分，所以《广雅》称："白术，牡丹也。"

⑨《本草》：古代中药文献多称"本草"。此处当指唐高宗显庆中命苏恭等增修南朝梁陶弘景《本草经集注》而成的《唐本草》。

⑩崔豹《古今注》：崔豹，字正熊，西晋渔阳（今北京密云西南）人。著笔记《古今注》三卷，对各项名物制度加以解释和考订。后唐马缟著《中华古今注》，部分内容采之前书。

⑪"芍药有草、木二种"三句：今本《古今注》及《中华古今注》，查无。

⑫李时珍：字东璧，明代蕲州（今湖北蕲春）人，医药学家。所著《本草纲目》收录以前诸家《本草》所载药物1518种，又新增药物374种，为《神农本草》以来各种中药著述集大成之作。

⑬谢康乐：南朝宋诗人谢灵运，性好山水，开中国文学史上山水诗一派，史称"大谢"，因袭封康乐公，故称。于宋武帝永初三年（422）任永

嘉郡（治今浙江温州）太守，有"永嘉水际竹间多牡丹"之语（见《太平御览》），被视为中国栽培牡丹的最早记载。

⑭"又苏颂谓山牡丹者"四句：此四句见《本草纲目·牡丹释名集解》引苏颂语，唯"根长五七尺"原作"根黄白色，可长五七寸，大如笔管"。苏颂（1020—1101），字子容，泉州（今属福建）人。北宋天文、药物学家。组织增补《开宝本草》，又著《图经本草》。

⑮斯其始盛也欤：牡丹开始昌盛的情形怎么样呢？斯，代词，此代牡丹。也欤，疑问语气词。

⑯《事物纪原》：作者佚名，或谓宋高承撰。搜罗古籍，探索天文、历数、典章、制度、文艺、风俗、宫室、器用及草木鸟兽等事物的起源。该书曾载："武后诏游后苑，百花俱开，牡丹独迟，遂贬洛阳。故洛阳牡丹冠天下。"

⑰"鄞江周氏《洛阳牡丹记》"八句：参看本书周《记》有关文字及注释。

⑱《花品》：此指陆游《天彭牡丹谱》。

⑲僧仲林《越中花品》：参看本书"导读"《越中牡丹花品》。

⑳李英《吴中花品》：参看本书"导读"《吴中花品》。

㉑张邦基作《陈州牡丹记》：参看本书张《记》注及点评。

㉒薛凤翔作《亳州牡丹史》：参看本书薛《史》注及点评。

㉓"夏之臣作《评》"三句：明人夏之臣作《评亳州牡丹》，见《古今图书集成·草木典》第二百八十九卷《牡丹部·艺文一》。其文开篇说："吾亳牡丹，年来浸胜。娇容三变犹在孟季之间，等此而上，有天香一品。"薛《史》将亳州牡丹二百七十余品列为六品，"神品"居第一；"神品"四十余种，"天香一品"居第一。牡丹为"百花之王"，故"天香一品"可称"万花一品"。

㉔"东坡所云"下面一段话：是苏轼熙宁五年（1072）任杭州通判时，为杭州太守沈立《牡丹记》所写《牡丹记叙》中的话。惜沈《记》已佚，幸苏《叙》尚存，载《苏轼文集》第十卷。

㉕志乘（shèng）：又叫"史乘"，即史书。"乘"本为春秋时晋国的史籍名，后称一般史书为"史乘"。此处指地方志。

㉖散载于它品者：指下列"曹州状元红"等几种曹州牡丹，曾散载于薛凤翔《亳州牡丹史》等牡丹谱里。

㉗旧：久。《诗·大雅·抑》："告尔旧止。"郑笺："旧，久也。"

㉘辛亥：乾隆五十六年（1791）。

㉙缄诗至：在信里写诗寄来。缄，封，借指信函。

㉚洛阳花要订平生：此为翁方纲诗中句子，催促余鹏年要为曹州牡丹修谱立传。

㉛老：执业时间久，富于经验。

㉜勘视：查看，探究。

㉝质：询问，质正，考询。

㉞率成：匆率写成。

㉟重华书院：《曹州府志》："重华书院在府治西北，中有精一堂、文明阁。阁上祀虞帝舜。外垣四面有水环之，门外有桥。明副使李天植建，久圮坏。皇清乾隆十九年知府周尚质鸠工兴修，益扩于旧。值夏月芙蕖竞发，胜甲一郡，更名爱莲书院。"

[译文]

《素问》记载：清明后五日，牡丹开花。牡丹的得名已很久远了吗？但考《汉书·艺文志》，只有"《黄帝内经》十八卷"的记载（并未提及《素问》）。到《隋书·经籍志》才有《素问》，则牡丹得名，所出非远。三国魏时的《广雅》说：白术，即牡丹。《唐本草》说：芍药，又名牡丹。西晋人崔豹所著《古今注》说：芍药有草本、木本两种，木芍药花朵大且花色深，俗称叫"牡丹"。明朝李时珍《本草纲目》说：颜色以丹（红色）为上，牡丹虽也结子但却在根上生苗（属无性繁殖。"牡"为雄性，又因色"丹"），所以叫"牡丹"。从前，南朝诗人谢灵运说过"永嘉水际竹间多牡丹"的话。又有北宋人苏颂说：野生山牡丹，二月间从根茎生苗长叶，三月开花，根长五七寸。近来世人多贵重牡丹，想方设法使它花开得非同一般，都在秋冬之季移植嫁接，培养于肥沃土壤里，待到来春花盛开时，千姿百态。牡丹开始昌盛发展情况怎样呢？它在唐代昌盛于长安，但在高承

《事物纪原》中记载，洛阳也分享其盛，自天后武则天时。宋代，鄞江人周师厚在《洛阳牡丹记》自序中说，他曾求得李德裕的《平泉花木记》，也看到范尚书、参知政事欧阳修之二谱。但范《谱》记有五十二品，可考者只有三十八种；欧《谱》说在钱思公双桂楼下的小屏间，看到录有九十余种牡丹名目，但《谱》中解说的很少。于是他以自己耳闻目见及近世新出的牡丹，参校李、范、欧三贤之谱记所载，共得百余个牡丹品种，难道洛阳牡丹只尽于此数吗？南宋陆游在四川彭州撰《天彭牡丹谱》，说彭州牡丹都是从洛阳买来的品种。北宋僧人仲林的《越中牡丹花品》，记浙江绍兴一带牡丹最美丽，只三十二种。唯李英《吴中花品》记江苏苏州一带牡丹，都是洛阳牡丹之外的品种。北宋末张邦基作《陈州牡丹记》，记淮阳牛氏花园缕金黄牡丹，其美为洛阳牡丹所不曾有。明人薛凤翔作《亳州牡丹史》，夏之臣为之作《评亳州牡丹》，说亳州上品牡丹有"天香一品"，应是万花第一品。苏东坡为沈立《牡丹记》作《牡丹记叙》称：近年来变态百出，务求新奇，以追逐时下爱好者青睐的新品牡丹，多得难以计数矣。菏泽有牡丹，不知从何时开始。地方志略而不载，散见载于其他地方牡丹谱的有：曹州状元红、乔家西瓜瓤、金玉交辉、飞燕红妆、花红平头、梅州红、忍济红、倚新妆等品，都来自菏泽，看来菏泽牡丹渊源已久啊。

我于乾隆五十六年春来菏泽，到时已是晚春，未及赏牡丹。次年春天，内阁学士翁公方纲师来菏泽督考试士，我拜谒他，问我道："为菏泽牡丹作谱否？"我说："没有。"翁公巡行他府督考，离开菏泽，就写信寄诗给我，说："洛阳花要订平生。"意在督促我撰谱啊！于是召集我爱好并熟知牡丹的学生、长期栽培牡丹经验丰富的园丁，和他们一起周游菏泽各处园圃，查看研究，认真笔录，回来后把所记材料与前贤谱记的记述，考核质正，遂草率地写成此《曹州牡丹谱》。如欧阳修公所说：只取其特别著名的按其品位等次一一记录下来罢了。

乾隆五十七年四月十日，怀宁余鹏年自序于重华书院

花正色^①计三十四种

黄者七种

金玉交辉，俗名金玉玺。绿胎^②，修干，花大，瓣层，叶黄，蕊贯珠，累累出房外^③，开至欲残，尚似放时。此曹州所自出，薛《史》品居第一^④。

金轮，肉红胎，近胎二层叶，胎下护枝叶^⑤，俱肉红，茎挺出，花淡黄。间背相接，圆满如轮。其"黄气球"之族欤^⑥？实异品也。

黄绒铺锦，一名金粟，一名丝头黄。细瓣如卷绒缕，下有四五瓣差阔，连缀承之，上有金须布满，殆张《记》所谓缕金黄者^⑦。

金玉交辉

金 轮

黄绒铺锦

姚黄,俗名落英黄。此花黄胎,护根叶浅绿色,疏长过于花头,若拥若覆。初开微黄,垂残愈黄。薛《史》有"大黄"[8],最宜向阴。簪之瓶中，经宿则色可等秋葵者似之[9]，第"大黄"无青心[10]，稍异。

禁院黄，俗名鲁府黄。花色亚于金轮，闲淡高秀，欧《品》所谓姚黄别品者[11]。曹人传是明鲁王府中种。考明诸王分封曹地者，巨野王泰㙫[12]，定陶王铨鑨[13]，不闻有鲁王。因检府志，巨野王后辄称"鲁宗"[14]，此鲁府之名所自，盖不可征实如此。

御衣黄，胎类姚黄，惟护枝叶红色，有千叶、单叶二种。千叶者，诸谱称色似"黄葵"是也[15]；单叶，肤理轻皱，弱于渊绡[16]，爱重之者，盖不以千叶为胜。

庆云黄，质过御衣黄，色类丹州黄，而近萼处带浅红。昔人谓其郁然轮囷[17]，兹则见其温润匀荣也[18]。

青者一种

雨过天青，俗名补天石。白胎翠茎，花平头，房小，色微青而

雨过天青

开晚。或以欧碧当之⑲。初旭才照，露华半稀，清香自含，流光俯仰，乃汝窑天青色也⑳，率易以今名。

红者十五种

飞燕红妆㉑，一名红杨妃。此花细瓣修长，薛凤翔《亳州牡丹史》云："得自曹州方家。"今遍讯之，盖不知有此名，疑即"飞燕妆"。然飞燕妆有三种：一花色兼红黄，一深红，起楼子，一白花类象牙色，皆非也。有告予曰：薛《史》载方家银红二种，色态颇类，第树头绿叶稍别者，宜细审之。及观至所谓长花坼者㉒，绿胎、碧叶、长朵、花色光彩动摇，信然。

花膏红，俗名脂红。胎、茎俱红，其花大瓣，若胭脂点成，光莹如镜。

乔家西瓜瓤，尖胎，枝叶青长，花如瓜中红肉㉓。薛《史》谓类"软瓣银红"㉔。予直以为"飞燕红妆"之别品耳，又即桃红西瓜瓤㉕。

大火珠，一名丹炉焰。胎、茎俱绿，花色深红，内外掩映若燃，花焰荧流㉖。

赤朱衣，一名一品朱衣，一名夺翠。花房鳞次而起，紧实而圆，体婉娈㉗，颜渥桢㉘。凡花于一瓣间色有浅深，惟此花内外一如含丹。

梅州红㉙，圆胎圆叶，花瓣长短有序，色近"海棠红"㉚，然性喜阴。花户解弄花㉛，而不解护持风日，故其类不繁。

春江漂锦，一名新红娇艳。花乃梅红之深重者，艳似海霞烘日，蜃气未消㉜，千叶盛开。出亳州"天香一品"上，稍恨单叶时多。

娇红楼台，胎、茎似"王家红"㉝，体似"花红绣球"㉞，色似

"宫袍红"㉟，有浅、深二种。

朱砂红㊱，花叶甚鲜，向日视之如猩血㊲，妖丽夺目。或云一名"醉猩猩"，一名"迎日红"，曹人呼为"蜀江锦"。

妒娇红，青胎，花头圆满，朱房嵌枝㊳，绚如剪彩，叠如碎霞，盖天机圆锦之比㊴。曹人以其色可冠花品也，以"百花妒"名之。

花红萃盘，一名珊瑚映目㊵。红胎，枝上护叶窄小，条亦颇短，房外有托瓣，深桃红色，绿跗重萼㊶。

洒金桃红，一名丹灶流金。胎、茎俱浅红色，花色深红，大瓣如盘，破痕铍礮㊷，黄蕊散布，周《记》蹙金楼子即此㊸。

状元红，重叶，深红花，其色与鞓红、潜绯相类㊹。有紫檀心，天姿富贵。昔人名之曰"曹州状元红"㊺，以别于洛中之"状元红"也㊻。

榴红，千叶楼子，色近榴花。

花红平头㊼，绿胎，花平头，阔叶，色如火，群花中红而照耀者。出胡氏。

白者八种

昆山夜光，胎、茎俱绿，枝上叶圆大，宜阳，成树。花头难开，开则房紧，叶繁绸缪㊽，布护如叠碎玉㊾，乃白花中之最上乘，可谓"自明无月夜"㊿，古名"灯笼"，有以也[51]。别品细秀，瓣如梨花，意态闲远，名"梨花雪"。

绿珠坠玉楼[52]，俗名青翠滴露。长胎，胎色与茎俱同"昆山夜光"。花白溶溶[53]，蕊绿瑟瑟[54]。

玉楼子，茎细秀，花挺出，千叶起楼，如水月楼台，迥出尘表。曹人以其绒叶细砌如塔，以"雪塔"名之。

瑶台玉露，俗名一捧雪。花蕊俱白。

玉美人，大叶，色如傅粉，俗名"何白"以此[55]。

雪素，粉胎，开最晚，叶繁而蕊香，俗呼为"素花魁"，固不如旧名"雪素"之雅称。今仍易之。

金星雪浪，白花黄萼，互相照映，花头起楼，黄蕊散布，常以此乱"黄绒铺锦"。

池塘晓月，胎蕊细长而黄，枝上叶亦带微黄，花色似黄而白，亦白花中之异者，予名之曰"晚西月"。

黑者三种

烟笼紫玉盘，高耸起楼，明如点漆[56]，如松罥烟[57]，即昔人所谓"油红"[58]，最为异色。

墨葵，朱胎碧茎，大瓣平头，花同"烟笼紫玉盘"。又有"即墨子"者[59]，亦其种。

烟笼紫玉盘

墨洒金，一名墨紫映金。胎绿而浅，枝上叶碧而细，花头似"墨剪绒"⑩，花瓣每有金星掩映。单叶者亦然，第枝上叶色黄，此其所异。

[注释]

①正色：古代以纯一不杂为正色，两色相杂为间色。《礼记·玉藻》："衣，正色。"孔颖达疏引南朝梁皇侃："正色谓青、赤、黄、白、黑五方正色也。不正，谓五方间色也，绿、红、碧、紫、骝（liú）黄是也。"骝，亦作"骝"，黑鬣黑尾的红马。

②胎：花胎，牡丹鳞芽内部的幼花蕾。王象晋《群芳谱·牡丹》更形象地解释说："花自有红芽至开时，正十个月，故曰花胎。"

③房外：子房外。房，指牡丹雌蕊部分。

④"薛《史》"句：金玉交辉在薛凤翔《亳州牡丹史》中位居"神品"，其《传》说："此曹州所出，第一品。"

⑤"近胎二层叶"二句：靠近鳞芽（胎）上面二层叶芽，俗称"花棚"；鳞芽下面护枝叶芽，俗称"花床"，起养命护胎作用。

⑥黄气球：见陆《谱》："淡黄檀心，花叶圆正，向背相承，敷腴可爱。"

⑦张《记》：即张邦基《陈州牡丹记》。

⑧大黄：见薛凤翔《亳州牡丹史》："绿胎，最宜向阴养之，愈久愈妙。其花大瓣易开……簪瓶中经宿则色可等秋葵。"

⑨秋葵：又名"黄葵"。花黄色，中心褐红色，小苞片线状。朝开暮落，黄艳清秀。

⑩第：但。青心：雌蕊变异成的花瓣（内彩瓣），一般呈绿色，俗称"青心"。

⑪"欧《品》"句：欧《品》应指欧阳修《洛阳牡丹记·花品叙》，但其中无"禁院黄"。而陆游《天彭牡丹谱·花释名》则有"禁苑黄，盖姚黄之别品也。其花闲淡高秀，可亚姚黄"的记载。

⑫巨野：县名。在山东省西南部，汉置县，以古巨野泽得名。

⑬定陶：县名。在山东省西南部，春秋时为鲁国陶邑，秦置县，以陶丘得名。

⑭鲁宗：旧时众所共仰的人奉为"宗主"。鲁宗，即鲁地人奉他为宗主。

⑮黄葵：即"秋葵"，见注⑨。

⑯渊绡（xiāo）："渊"当是"薄"之误。薄绡，用生丝织成的薄纱。

⑰昔人：指陆游。郁然轮囷：繁盛曲折的样子。

⑱兹则见其温润匀荣：这里（菏泽）的庆云黄柔润均匀（和天彭庆云黄不同）。

⑲或以欧碧当之：有人以为"欧碧"和"雨过天青"相当。陆《谱》记"欧碧"："其花浅碧，而开最晚。"

⑳汝窑：宋代著名瓷窑之一，窑址在今河南汝州。为宫廷烧造瓷器，胎骨香灰色，釉色近似天青色。

㉑飞燕红妆：按：此处描述的"飞燕红妆"，不是薛凤翔《亳州牡丹史》中的"飞燕红妆"，而与薛凤翔《亳州牡丹史》中"新银红球、方家银红"二种色态颇类，只是树头绿叶略有差别。等到开花时，宛如神女乘瑞云而降，摇曳生姿。

㉒坼（chè）：裂开。《战国策·赵策三》："天崩地坼。"此指花蕾绽开。

㉓花如瓜中红肉，原缺"肉"字，据薛凤翔《亳州牡丹史》补。

㉔软瓣银红，原缺"瓣"字，据薛凤翔《亳州牡丹史》补。

㉕又即桃红西瓜瓤：在薛凤翔《亳州牡丹史》中，"乔家西瓜瓤"与"桃红西瓜瓤"列为两种。薛又解释"桃红西瓜瓤"出于"全氏"，与"乔家"非一品。

㉖荧流，新曹谱本作"莹流"。荧：通"萤"。《尔雅·释虫》："荧火，即炤。"注："夜飞，腹下有火。"

㉗婉娈（luán）：缠绵婉柔的样子。

㉘渥赪（wò chēng）：深红色。渥，浓郁。赪，红色。

㉙梅州红：薛凤翔《亳州牡丹史》谓："出曹县王氏，别号'梅州

云'。"

㉚色近"海棠红"：据薛凤翔《亳州牡丹史》，"海棠红"性喜阳，而"梅州红"性喜阴，花户不知遮挡风日，像养海棠红一样养梅州红，"故其类不繁"。

㉛弄花：对牡丹的栽接剔治之法。

㉜蜃（shèn）气：古人认为"蜃气"是"蜃"（大蛤蜊）吐的气形成的。《史记·天官书》："海旁蜃气像楼台。"

㉝王家红：见薛凤翔《亳州牡丹史》："王家红，胎红尖微曲，宜阳。其花大红起楼。"

㉞花红绣球：见薛凤翔《亳州牡丹史》："花红绣球，红胎圆小，花开房紧叶繁，周有托瓣，易开……命名绣球者，以其形圆聚也。"

㉟宫袍红：疑即"进宫袍"。见薛凤翔《亳州牡丹史》："进宫袍，绿胎，易开，谓色如宫中所赐茜袍也。"

㊱朱砂红：见欧《记》，但不知其所出。又见薛凤翔《亳州牡丹史》具品。

㊲猩血：鲜红色。

㊳嵌（qiàn）：张开的样子。

㊴天机圆锦：见薛凤翔《亳州牡丹史》。之比：用作比喻。薛《史》谓："名似天机，殆非虚得。"因像天孙（织女星）用天机织成柔软的锦绣，所以用"天机圆锦"为喻。

㊵映目：新曹谱本据《新增桑篱园牡丹谱》改作"映日"。

㊶绿跗（fū）重萼：青绿色的萼片重重叠叠。绿，原作"缘"，形近而误，径改。跗，通"柎"，花萼。

㊷破痕铍（pī）蘂：花瓣裂开，散乱凑集。

㊸周《记》蘂金楼子即此：按：周《记》描述"蘂金楼子"为大叶如盘，盘中碎叶繁密耸起而圆整。

㊹潜绯：新曹谱本作"潜溪绯"，是。

㊺昔人名之曰"曹州状元红"：薛凤翔在其《亳州牡丹史》中说：亳州的"状元红"是"弘治间得之曹县，又名'曹县状元红'"。昔人，指薛凤翔。

㊻以别于洛中之"状元红"：按：欧《记》、周《记》，均无"状元红"。陆《谱》描绘彭州"状元红"为："重叶深红花，其色与鞓红、潜绯相类，而天姿富贵。"因彭州花来自洛阳，故薛凤翔视陆《谱》中"状元红"是"洛中之状元红"。余鹏年描绘的"曹州状元红"和陆《谱》中的彭州"状元红"完全一样，说明也源自洛阳。

㊼花红平头：薛凤翔《亳州牡丹史》有"花红平头"，称"世传为曹县'石榴红'"。凡花称平头，谓其齐如截也。

㊽绸缪：紧密缠绵。此形容花瓣紧密聚集的样子。

㊾布护：散布的样子。谢灵运《山居赋》："山纵横以布护。"

㊿自明无月夜：李商隐《李花》诗："自明无月夜，强笑欲风天。"形容白牡丹"昆山夜光"皎洁明亮，能使无月之夜光亮如灯照。

51有以也：有因由的啊。以，因由，缘故。《诗·邶风·旄丘》："何其久也，必有以也。"

52绿珠坠玉楼：薛凤翔《亳州牡丹史》有"绿珠坠玉楼"："花色皑然，厥叶轻柔，叶半有绿点如珠，堪拟石小妹，而风韵更似之，故名。"石小妹即石家小妹，为石崇歌妓，名绿珠。孙秀指名向石崇索绿珠，被拒。崇被捕，绿珠坠楼自尽。

53溶溶：白云浓浓。卢照邻《怀仙引》诗："回首望群峰，白云正溶溶。"

54瑟瑟：碧绿色。白居易《暮江吟》："一道残阳铺水中，半江瑟瑟半江红。"

55何白：如何郎之白。《世说新语·容止》："何平叔（何晏）美姿仪，面至白；魏明帝疑其傅粉。"《魏略》称：何晏平日喜修饰，粉白不去手，行步顾影，人称"傅粉何郎"。以此：因此。

56点漆：谓小而圆的物体，黑而有光。《晋书·杜乂传》："眼如点漆。"此指花色黑亮发光，如眼中瞳仁一样。

57如松罨（yǎn）烟：如松木不充分燃烧的烟气凝结而成的烟灰，即"松烟"，是制墨的原料。

58昔人所谓"油红"：薛凤翔《亳州牡丹史》中有"油红"，"明如点漆，黑似松烟，最为异色"。

㊙即墨子：据新曹谱本称，《新增桑篱园牡丹谱》中有"深黑子"，今菏泽牡丹有"深墨紫"，当指此品种。

㊚墨剪绒：薛凤翔《亳州牡丹史》中有"墨剪绒"，碎瓣柔软。

[译文]

黄色七种

金玉交辉，俗名金玉玺。花芽绿色，茎干修长，花冠硕大，花瓣层叠，花蕊胚珠像成串珍珠，累累结于子房之外，花开至凋谢还像初开一样鲜丽。此花为菏泽所出，在薛凤翔《亳州牡丹史》中品居第一。

金轮，花芽肉红色，靠近花芽有两层叶片，花芽下面枝叶紧凑，和花芽都是肉红色（俗称叶抱芽，花藏叶），茎干高挺，花色淡黄。花瓣的脉纹正面和反面间隔而清晰相接，浑圆丰满如轮。难道它与陆游《天彭牡丹谱》中的"黄气球"是同族吗？其实是不同的品种啊。

黄绒铺锦，一名金粟，一名丝头黄。柔细的花瓣如卷曲的绒缕，下面有四五个花瓣略宽，上下相承，顶端布满金色花丝，大概如张邦基《陈州牡丹记》所说的"缕金黄"吧。

姚黄，俗名落英黄。此花花芽黄色，保护花芽的萼片基部为浅绿色，萼片长长的超过花冠，如簇拥如覆盖。初开时色微黄，花残时色更黄。薛《史》中有"大黄"牡丹，习性最适阴凉。花插瓶中，经过一夜，色与秋葵黄色相似，但大黄没有青绿色花蕊，稍有不同。

禁院黄，俗名鲁府黄。花色次于金轮，闲淡雅秀，乃欧阳修《洛阳牡丹记》所说"姚黄"的另一品种。菏泽人传说为明朝鲁王府所种。考明朝廷分封到曹州府的诸王，有巨野王泰墱，定陶王铨鑪，未听说有鲁王的。于是又查《曹州府志》，知巨野王后来称"鲁宗"，这是鲁王之名的由来吧，未能证实，大概如此。

御衣黄，花芽与姚黄花芽类似，只是花芽下面枝叶叶片为红色，分重瓣、单瓣两种。重瓣御衣黄，各谱说花色像"黄葵"；单瓣御衣黄，肌肤纹理轻柔皱褶，比生丝织的薄纱还柔弱，喜爱和看重它的人，不认为重瓣御衣黄比它好。

庆云黄，质地超过御衣黄，花色类似丹州黄，靠近萼片的地方带浅红色。陆《谱》说它的花瓣繁盛曲折，这里的庆云黄则柔润均匀，各具特色。

青色一种

雨过天青，俗名补天石。花芽白色，茎干青绿，花冠平齐如截，子房小，色微青，而开得晚。有人把它当成"欧碧"。旭日初照，露珠未干，自蕴清香，流光上下，是汝州瓷窑烧制的天青瓷色，就改成现在这个名字。

红色十五种

飞燕红妆，一名红杨妃。此花的花瓣又细又长，薛凤翔《亳州牡丹史》说："它从曹州府方家得来。"今到处询问，都不知有这个名字，怀疑是"飞燕妆"吧。但"飞燕妆"有三个品种：一种花色兼带红黄，一种深红，花冠高挺起楼，一种开类似象牙色白花，都不是呀。有人告诉我说：薛《史》载（新银红球）方家银红，这两种花，花色花姿颇类似，但树头的绿叶稍有差别，应仔细审视才能分辨。等我观察到花芽绽裂时，那绿色花芽，青碧花叶，修长细瓣，花色生娇，光彩摇曳如仙，的确如薛《史》所说的样子。

花膏红，俗名脂红。花芽与茎干都是红色，硕大的花瓣像胭脂点染而成，光亮莹洁如镜。

乔家西瓜瓤，花芽尖形，枝叶青长，花色像西瓜瓤那样的红色。薛《史》说它类似"软瓣银红"。我只以为它是"飞燕红妆"的另一品种罢了，又即"桃红西瓜瓤"。

大火珠，一名丹炉焰。花芽和茎干都是绿色，花深红色，绿茎丛中开深红花，内外映衬，像燃烧的火焰，又像黑夜里萤火在流动。

赤朱衣，一名一品朱衣，一名夺翠。子房中的胚珠如鱼鳞般聚集而起，发育成紧实浑圆的花冠，体态婉柔，颜色深红。所有花在一枚花瓣中，颜色都会有深浅的分别，只有这种花里外通红，都如含丹一样。

梅州红，花芽圆形，花瓣圆形，花瓣长短排列有序，花色近似"海棠红"。（海棠红，性喜温暖，）然而此花性喜阴凉。养花的花农虽知栽接剔治之法，而不知遮挡风日，所以梅州红不够繁盛。

春江漂锦，一名新红娇艳。此花是梅州红中花色深重的一种，娇艳似海波烘托日出时的红霞，像尚未消失的海市蜃楼的幻景，重瓣层叠，焕然怒放。此花高出亳州神品"天香一品"之上，稍感遗憾的是有时多变异为单瓣花。

娇红楼台，花芽和茎干像亳州"王家红"，尖芽微曲，花红起楼；花姿像亳州"花红绣球"，房紧瓣繁，圆聚如球；花色像亳州"进宫袍"，色红如宫中所赐茜袍。有浅色、深色两个品种。

朱砂红，花瓣非常鲜艳，对着太阳看就像猩猩血一样鲜红。有人说一叫"醉猩猩"，一叫"迎日红"，菏泽人叫它"蜀江锦"。

妒娇红，花芽青色，花冠浑圆丰满，红色子房张开于枝头，绚丽如剪制的红彩绸，层叠如细碎的片片彩霞，大概这是以仙女用天机织成的柔软锦绣比喻它的原因吧。菏泽人因它的颜色为牡丹之冠，所以用"百花妒"命名。

花红萃盘，一名珊瑚映目。花芽红色，花芽上面的叶片窄而小，枝条也较短，子房外有深桃红色花瓣相托，花瓣基部的外轮有重重叠叠的青绿色的萼片包围着。

洒金桃红，一名丹灶流金。花芽和茎干都是浅红色，花色深红，下面花瓣肥大如盘，中央花瓣裂开，散乱凑集，黄色花蕊散布其间。周《记》描述的大叶如盘，盘中碎叶繁密耸起的"黁金楼子"就是这种花。

状元红，重瓣深红色花，它的颜色与鞓红、潜溪绯相类似。花瓣基部有紫色色斑，姿容天然富贵。薛凤翔在《亳州牡丹史》中称它为"曹州状元红"，是区别于陆游《天彭牡丹谱》所说的源自洛阳的"状元红"吧。

榴红，重瓣花，花冠顶部高耸如楼，颜色近似石榴花色。

花红平头，花芽绿色，花冠顶部平齐如截，花瓣宽大，颜色火红，在牡丹花丛中红光照耀闪烁。出于菏泽姓胡人家。

白色牡丹八种

昆山夜光，花芽和茎干都是绿色，枝条上叶片圆而大，适宜向阳，高大成树。花易缩蕾，难成花，开时花瓣紧密聚集，散布于花枝间如层叠的碎玉，是白花中的最上品，可称为"自明无月夜"，古时名叫"灯笼"是有因由的啊。别有一品种细小秀丽，花瓣像梨花，意态闲雅淡远，名叫"梨花雪"。

绿珠坠玉楼，俗名青翠滴露。花芽长卵形，花芽和茎干颜色与"昆山夜光"相同。花白如浓浓白云，蕊绿如碧绿江水。

玉楼子，茎干细秀，花朵高挺，重瓣起楼，花冠顶部高耸于花心，望如月光下的水中楼台，恍若远出尘俗世外。菏泽人因它如白绒般的细瓣堆砌如塔，就以"雪塔"称呼它。

瑶台玉露，俗名一捧雪。花瓣花蕊都洁白如雪。

玉美人，花瓣硕大，如抹上一层白粉，像古代"傅粉何郎"一样，因此俗名"何白"。

雪素，花芽粉色，开花最晚，瓣多而蕊香，俗称"素花魁"，鄙陋不如旧名"雪素"典雅，今仍改为旧称。

金星雪浪，花瓣白色，萼片黄色，互相映照，花冠顶部高耸起楼，黄色花蕊散布其间，常把此花和"黄绒铺锦"相混，难以分辨。

池塘晓月，芽蕊细长带黄色，枝上面叶片也带微黄，花色似黄而略微带白，也是白牡丹中的奇异品种，我给它起名叫"晚西月"。

黑色牡丹三种

烟笼紫玉盘，花冠顶部高高耸起如楼台，黑而光亮如人的瞳孔，墨黑如松制的松烟，即薛凤翔所说的"油红"牡丹，颜色最为奇异。

墨葵，花芽红色，茎干碧绿，花瓣硕大，花冠平齐如截，花色和"烟笼紫玉盘"一样。又有一种叫"即墨子"的，也是它的一种。

墨洒金，一名墨紫映金。花芽浅绿色，花芽上面叶片青绿而细，花冠像"墨剪绒"，花瓣上常常有点点金星隐约映衬。单瓣墨洒金也是这样，但花芽上面叶片为黄色，这是它不同的地方。

花间色①计二十二种

粉色十一种

独占先春，红胎多叶，花大如碗，瓣三寸许，黄蕊檀心，易开，最早，疑诸谱以为"一百五"者②，即其种。但彼云"白花"，此粉色耳？

粉黛生春，质视"独占先春"③，花头稍紧满④，日午艳生，类"银红妃"⑤，开期最后。

三奇⑥，红胎三棱⑦。紫茎，圆叶，粉花，柔腻异常。

醉西施，粉白，中生红晕⑧，状如酡颜，俗以晕圆如珠，名为"斗珠光"。

醉杨妃，胎体圆绿，花房倒缀，盖茎弱不胜扶持也，故以醉志之⑨。其花萼间生五六大叶⑩，阔三寸许，围拥周匝，质本白而间以藕色。薛《史》载有方氏尝以此花子种出者，名"醉玉环"。品以杨妃为玉环之母，以辞害义者矣。⑪

绛纱笼玉，肉红圆胎，枝秀长，花平头，易开。质本白而内含浅绀⑫，外则隐有紫气笼之。昔人谓"如秋水浴洛神"，名曰"秋水妆"者是也⑬。品最贵。

淡藕丝，一名胭脂界粉，一名红丝界玉，绿胎紫茎，花如吴中所染藕色，花瓣中擘一画红丝，片片皆同。旧品中有"桃红线"者⑭，即此种。

淡藕丝

刘师阁，俗名雅淡妆，千叶白花，带微红，无檀心。周《记》谓出长安刘氏尼之阁下，因此得名。莹白温润，如美人肌，然不常开，率二三年乃一见花。或作"刘师哥"，误。

庆云仙，一名睡鹤仙，绿胎修茎，花面盈尺，花心出二叶，丰致洒然。

锦幛芙蓉，大千叶花也，无碎瓣，花色如木芙蓉⑮，蕊抽浅碧⑯，清致宜人。

一捻红，多叶浅红，叶杪深红一点，如指捻痕⑰。旧传杨妃匀面，余脂印花上，明岁花开，片片有指印红迹，故名。

紫者六种

魏紫⑱，紫胎，肥茎，枝上叶深绿而大，花紫红。乃周《记》所载"都胜"。《记》曰：岂魏花"寓于紫花本者，其子变而为都胜耶"？盖钱思公称为花之后者，千叶肉红，略有粉梢，则魏花非紫花也。

魏 紫

紫金荷

　　紫金荷，茎挺出，花大而平，如荷叶状。开时侧立翩然，紫赤
色，黄蕊。

　　西紫，一名萍实焰，此花深紫[19]，中含黄蕊。树本枯燥如古铁
色，每至九月，胎芽红润，真不异珊瑚枝。

　　朝天紫，一名紫衣冠群，花晚开，色正紫。杨升庵《词品》谓：
"如金紫大夫之服色，故名。后人以名曲，今以'紫'作'子'，
非。"[20]

　　紫玉盘，淡红胎，短茎，花齐如截，即"左花"也[21]，亦谓之
"平头紫"。

　　紫云芳，一名紫云仙，千叶楼子，紫色深迥，仿佛烟笼。易开
耐久，第香欠清耳。

绿者五种

　　豆绿，碧胎，修茎，花大叶，千叶，层起楼，异品也。盖"八
艳妆"之一[22]。薛《史》谓"八艳妆"者，八种花，有"云秀"、

豆　绿

"洛妃"、"尧英"等名，出自亳州邓氏，按，曹州花，多移自亳[23]。

萼绿华，一名鹦羽绿，一名绿蝴蝶，胎茎俱同"豆绿"，千叶、大瓣、起楼，群花卸后始开[24]。

奇绿，此花初开，瓣与蕊俱作深红色，开盛，则瓣变为浅绿，而蕊红愈鲜。亦花之异者。

瑞兰，胎、茎、花、叶俱清浅似兰，当为逸品。然自来赏之者稀，何也？

娇容三变，初开色绿，开盛淡红，开久大白。薛《史》谓初紫、继红、落乃深红，故曰"娇容三变"[25]。欧《记》中有"添色"[26]，疑即此是。按，乃袁石公《记》为"芙蓉三变"者[27]，目为"娇容"误矣。

昔《冀王宫花品》[28]，宋景祐，沧州观察使记。花凡五十种，以"潜溪绯"、"平头紫"居正一品，分为三等九品。又，荥阳张峋撰《花谱》二卷[29]，以花有千叶、多叶之不同，创例分类，凡千

娇容三变

叶五十八种，多叶六十三种，盖皆博备精究者之所为^㉚，予病未能也^㉛。特分正色、间色。正色，黄为中央^㉜，首列之；次青、红、白、黑。间色，粉、紫、绿三种，又次于后，凡五十六种云^㉝。

[注释]

①间色：杂色。《礼记·玉藻》："衣，正色；裳，间色。"注："谓冕服玄上纁下。"疏："玄是天色，故谓正；纁是地色，赤黄之杂，故为间色。"

②诸谱：指欧《记》、周《记》、薛《史》等牡丹谱。

③质视：质地可比照。《后汉书·张纯传》："以纯视御史大夫从。"注："视，比也。"

④花头稍紧满：指花的"房衣"（即雌蕊外面包的一层心皮），满满紧包着，所以花开得晚。薛《史》说"银红妃"，"其花紧满，开期最晚"。

⑤银红妃，原作"银红犯"，据薛《史》改。

⑥三奇：即"三奇集胜"，是一个传统品种，皇冠型。

⑦红胎三棱：靠近花心为红色，花瓣由里向外，分别呈红色、粉红色、

白色，所以叫"三奇集胜"。新曹谱本谓：因其叶、花、梗均为紫色，故名"三奇"；又因叶、花、梗皆圆，又名"三圆白"，今归白色类。

⑧红晕：花瓣间泛起的模糊红色，如日、月的晕影。

⑨志：记。这里是描绘、记述的意思。

⑩花萼间生五六大叶：萼片瓣化成五六枚大花瓣（即外彩瓣）。

⑪"薛《史》载有方氏"以下数句：据薛凤翔《亳州牡丹史》："醉玉环"，为亳州方显仁所种，它是由"醉杨妃"的种子种出来的另一品种，两者是母子关系。玉环是杨妃的小名，两者本是一人，余鹏年认为薛氏如此命名是"以辞害义"。

⑫绀（gàn）：天青色，一种深青带红的颜色。

⑬秋水妆：薛凤翔《亳州牡丹史》中有此品，"谓其爽气侵人，如秋水浴洛神，遂命今名"。洛神，相传为伏羲氏之女宓妃（"宓"通"伏"），溺死洛水，遂为洛水之神。见曹植《洛神赋》。

⑭旧品中"桃红线"者：薛凤翔《亳州牡丹史》名品"界破玉"、逸品"胭脂界粉"、能品"桃红线"、具品"淡藕丝"都分别记述此品，与余《谱》对"淡蒌丝"的描述相类。

⑮木芙蓉：又名拒霜花，落叶灌木或小乔木，花粉红色。

⑯蕊抽浅碧：雌蕊瓣化成浅青色的花瓣。

⑰如指捻（niē）痕：如用手指按的红色印痕。捻，指按。参看欧《记》"一撅红"注、周《记》"一捻红"注。

⑱魏紫："魏紫"之名，在北宋诗词中早有，指的是肉红色的"魏花"。紫红色品种的"魏紫"，到清代余鹏年此《谱》才出现。

⑲此花深紫，新曹谱本作"紫花深紫"，误。

⑳"杨升庵《词品》"以下数句：杨升庵《词品》原文如下："朝天紫本蜀牡丹名花，其色正紫，如金紫大夫之服色，故名。后人以为曲名。今以'紫'作'子'，非也。"杨升庵，名慎，字用修，号升庵，明代文学家，有《升庵集》。所著《词品》六卷（亦有五卷本），后附"拾遗"等若干。

㉑左花：欧《记》、周《记》、王象晋《群芳谱》都有"左花"的记载，因"出民左氏家"，故名。余《谱》称"紫玉盘"。

㉒八艳妆：乃曹州八种花的名字，但薛《史》只写出三种，其他不详。

㉓按，曹州花，多移自亳：这是余鹏年介绍曹州"八艳妆"后所加的按语。新曹谱本编撰者认为余氏之论不妥，曹花当早于亳花，所论甚详，可参阅，文长不录。

㉔卸：通"谢"，凋谢。

㉕娇容三变：是牡丹族群中在生长过程三变其色的优异品种，故曰"三变"，但先贤诸谱记其所变颜色各不相同，此处为薛《史》所记。

㉖欧《记》中有"添色"：欧阳修《洛阳牡丹记》中有"添色红"，始开白，经日渐红，至落深红，也属"娇容三变"的一种。

㉗袁石公《记》：袁石公，名宏道，字中郎，号石公，明朝文学家。湖北公安人，与兄宗道、弟中道，合称"公安三袁"，而以宏道成就最高。《记》指他的《张园看牡丹记》。他写张园有一种牡丹，晓起白如珂雪，继而嫩黄色，午时红晕如腮霞，名"芙蓉三变"。余鹏年认为袁宏道用"芙蓉"代称"娇容"是错误的。

㉘《冀王宫花品》：宋初的一部牡丹谱，宋代已有著录，其书早佚。本书试作考辨，详见点评及附录二：关于《冀王宫花品》。

㉙荣阳：为"荥阳"之误。"荥"一作"荧"。荥阳，在今河南郑州市西部。张峋：一作张珣，字子坚，宋人，撰《花谱》三卷（有云二卷），凡一百一十九品。见朱弁《曲洧旧闻》卷四。该《谱》已佚。

㉚博备精究：博取精研，资料完备，研究精深。

㉛病：缺点，毛病。此为余鹏年自谦之辞，言己知识缺乏，做不到"博备精究"。

㉜黄为中央：《周易·坤》："天玄而地黄。"古以五色配五行、五方。土居中，故以黄为中央正色。

㉝云：句末语气词。

[译文]

粉色牡丹十一种

独占先春，花芽红色，半重瓣，花冠大如碗口，花瓣有三寸的样子，黄

三奇集胜

色花蕊，花瓣基部有色斑，容易开花且开得最早，疑先贤各谱中所说的"一百五"就是这种花。但各谱都说"一百五"是白色花，而此花是粉红色的啊？

粉黛生春，质地比照"独占先春"，花冠房衣紧包着，中午时分艳丽生姿，像薛《史》中的"银红妃"，开花最晚。

三奇（即"三奇集胜"），靠近花心为红色，花瓣由里向外，分别为红色、粉红色、白色，因此得名。茎干紫色，花瓣圆形，花色粉红，柔润细腻，非同寻常。

醉西施，粉白色，但又泛起红晕，就像美女西施喝醉酒的红颜，俗以为它似红晕浑圆的宝珠，所以叫它"斗珠光"。

醉杨妃，花芽肥圆呈绿色，花瓣较软，花朵垂头，就像柔弱不胜扶持的样子，所以就用"醉杨妃"描绘它。它的萼片瓣化成五六枚肥大彩瓣，宽有三寸样子，在花冠基部周围簇护着，质地本为白色，但间杂莲藕般黄褐色。薛《史》记载：亳州方家用"醉杨妃"的种子培育出一个新品种叫"醉玉环"。玉环是杨妃的小名，本为一人，把杨妃称为玉环之母，如此命名，是以辞害义。

绛纱笼玉，花芽圆形，肉红色，花枝秀丽修长，花冠平齐如截，容易开花。质地本白色而内含天青色，外面隐约有股清爽的紫气笼罩花面，薛《史》说它像"秋水沐浴洛神"的样子，命名它"秋水妆"。此品最贵重。

淡藕丝，一名胭脂界粉，一名红丝界玉，花芽绿色，茎干紫色，花如苏州府一带的莲藕色染成，花瓣中央像画一丝红线从中分开，瓣瓣都如此。薛《史》中所说的"桃红线"，就是这一种。

刘师阁，俗名雅淡妆，白色重瓣花，微微带点红色，花瓣基部无色斑。周师厚《洛阳花木记》说它出自长安女僧刘师阁下，因此得名。晶莹洁白，温柔润泽，犹如美人的肌肤，但不常开花，通常三年才开一次。有的花谱作"刘师哥"，是错误的。

庆云仙，一名睡鹤仙，花芽绿色，茎干修长，花冠有一尺大，花蕊生出两瓣，丰采别致洒脱。

锦幛芙蓉，重瓣花，花瓣硕大，没有碎瓣，花色如木芙蓉，为粉红色，雌蕊瓣化成浅青色花瓣，清新雅致，合人心意。

一捻红，半重瓣浅红色，花瓣顶端有深红一点，如手指按的红印。过去传说杨贵妃化妆搽脸时，把剩余胭脂印到牡丹花上，次年开花，每片花瓣都有手指按的红印痕迹，所以取名"一捻红"。

紫色六种

魏紫，花芽紫色，茎干肥硕，枝上叶片肥大呈深绿色，花瓣紫红。就是周师厚《洛阳花木记》所记的"都胜"。《记》中说：（魏花为肉红色花，近年又出现"胜魏"、"都胜"两个新品种，都是由魏花种子变异出的。）难道父本"托于紫色魏花而变异出的子花叫'都胜'吗"？钱思公称之为"花后"的魏花，重瓣肉红色，花瓣边梢略带粉红，则魏花不是紫色花啊。

紫金荷，茎干挺拔高出，花冠大而平齐，如荷叶的样子。开花的时候，花面向一边倾侧，翩然欲飞，紫红色，黄色花蕊。

西紫，一名萍实焰，此花深紫色，中含黄色花蕊。高大的树干枯燥如古铁色，每到九月，萌发的花芽红润鲜嫩，真和珊瑚枝一样。

朝天紫，一名紫衣冠群，开花晚，花为纯正紫色。杨慎《词品》说："这种花像紫袍金带官员上朝时穿的朝服颜色，所以叫'朝天紫'。后人用它作为曲牌名，今有人把'紫'改作'子'，是错误的。"

紫玉盘，花芽淡红色，茎干短小，花冠平齐如截，就是"左花"，也有叫它"平头紫"的。

紫云芳，一名紫云仙，重瓣花，花冠顶部高耸起楼，花紫色浓重深远，恍若紫烟笼罩。花容易开且开得久，但香味稍欠清幽罢了。

绿色牡丹五种

豆绿，花芽青绿，茎干修长，大叶，重瓣花，层叠起楼，奇异的品种，为"八艳妆"的一种。薛《史》说"八艳妆"，是八种花，有"云秀妆"、"洛妃妆"、"尧英妆"等名称，出自亳州邓氏花园。按，曹州牡丹，多从亳州移植而来。

萼绿华，一名鹦羽绿，一名绿蝴蝶，花芽茎干都和"豆绿"相同，重瓣花，瓣硕大，高挺起楼。群花凋谢之后它才开花。

奇绿，此花初开时，花瓣、花蕊都为深红色，到盛花期，花瓣就变为浅绿色，而花蕊则更深红鲜艳。也是牡丹中的奇异现象。

瑞兰，花芽、花茎、花瓣、花叶都清浅如兰，当是牡丹中闲雅安逸的花品，然而从来观赏它的人稀少，原因何在呢？

娇容三变，花初开时为绿色，盛花期变成淡红，开得久了特白。薛《史》说初开紫色，继而红色，凋谢时深红，所以称"娇容三变"。欧《记》中"添色"牡丹，疑就是此品。按，即袁宏道《张园看牡丹记》中称作"芙蓉三变"的。袁氏用"芙蓉"代称"娇容"，是错误的。

昔日《冀王宫花品》，宋仁宗景祐元年，沧州观察使记。《花品》中共五十种花，把"潜溪绯"、"平头紫"放在正一品，共分三等九品。又，荥阳人张峋撰《花谱》二卷，把花分有重瓣、半重瓣的不同，创体例分品类，共计重瓣花五十八种，半重瓣花六十三种。他们都是博取资料、精于研究、有作为的人，我知识缺乏，做不到这些。仅分成正色、间色两大类。古以五色配五方，黄为中央正色，列为首位；其次为青、红、白、黑四色。间色，分为粉、紫、绿三种，又次于前四色之后，共五十六种。

附记七则

秋社后重阳以前，将单叶花本如指大者，离地二三寸许，斜削一半，取千叶花新旺嫩条，亦斜削一半，贴于单叶花本削处，壅以软土，罩以蒻叶①，不令见风日，唯南向留一小户以达气，至春乃去其覆；或斫小栽子，洛人所谓"山篦子"，治地为畦塍种之，亦至秋乃接，则皆化为千叶。此接法之繁其族者也。有用椿树高五七尺或丈余者接之，可平楼槛，唐人谓"楼子牡丹"者②，此则不患非高花，此接法之助其长者也。又，立春若是子日，茄根上亦可接，不出一月，花即烂熳③。盖试有成效，泐有成书④。洛阳《风俗记》曰⑤："洛人家家有花而少大树者⑥，盖其不接则不佳。"曹州亦然。凡蓄花者，任其自长，年长才二三寸，种异者不能以寸，虽十年所树，立地不足四尺，过此老而不复花，又芟其枝矣⑦。当花盛时，千叶起楼，开头几盈七八寸，如矮人戴高冠，了不相称⑧。

[注释]

①蒻叶：香蒲的嫩叶子。

②"有用椿树高五七尺或丈余者接之"三句：见明人王象晋《群芳谱·牡丹》："又椿树接者高丈余，可于楼上赏玩，唐人所谓'楼子牡丹'也。"但不详唐人是谁。

③"立春若是子日"四句：见王象晋《群芳谱·牡丹》："立春若是子日，茄根上接之，不出一月，花即烂漫。"

④泐（lè）：通"勒"，本为铭刻，引申为用手书写。

⑤洛阳《风俗记》：指欧阳修《洛阳牡丹记·风俗记》。

⑥而少大树者，原缺"者"字，据欧《记》补。

⑦芟（shān）：除草，引申为除去、剪除。

⑧了不相称（chèn）：全然不搭配。

清　赵之谦　《牡丹》　立轴　纸本　设色　纵175.6厘米
横90.8厘米　北京故宫博物院藏

[译文]

　　秋天社日后重阳节前，把手指粗的单瓣牡丹的植株，在离地面两三寸样子的地方，斜着削去一半，再用旺盛新嫩的重瓣牡丹枝条，也斜着削去一半，紧贴到单瓣牡丹植株的切削处，用软土培围，拿嫩香蒲叶覆盖，不让风吹日晒，只在南面留一小口通气，到春天就去掉覆盖物；或者挖野生的山牡丹，洛阳人叫作"山篦子"，整地成小畦种上它，到秋天作接本嫁接，就都变化为重瓣花了。这种嫁接方法是繁殖牡丹延续后代啊。有用五七尺或一丈多高的椿树作接本的，嫁接出的牡丹和楼栏杆一样高，唐代人叫它"楼子牡丹"，这样就不用担忧长不高的牡丹，这种嫁接方法可帮助牡丹长得高大。又，倘立春那天是子日，在茄子根上也可嫁接，不出一个月，就绽放出烂漫的花朵。大概这种方法试验有成效，有人就书写成书。《风俗记》中说："大约洛阳人家，家家都养牡丹，但很少长成牡丹树的，大概不进行嫁接就生长不好。"菏泽也是这样。所有养花的，任其自然生长，一年才长高两三寸，特殊的品种一年长不到一寸，虽是种了十年的老牡丹，立在地上不足四尺高，超过此年岁的老牡丹不再开花，要剪掉它的老枝。牡丹植株当盛壮期时，重瓣起楼，开的花朵满七八寸，就像矮个子戴个高帽子，全然不搭配。

　　移花①。或曰：宜秋分后，如天气尚热或遇阴雨，九月亦可。或曰：中秋为牡丹生日，移栽必旺②。僧仲林《越中花品》亦称：八月十五日为移花日③。今曹州移花，悉于是日始。先规全根④，宽以掘之，以渐至近，戒损细根。然如旧法，必将宿土洗净，再用酒洗；每窠用粪土、白蔹拌匀，又用小麦下于窠底⑤，然后植固⑥，不谓然⑦。提牡丹与地平，使其根直，以细土覆满，土与干上旧痕平⑧，戒少高低⑨，戒勿筑实。然如旧法，必以河水或雨水浇之，过三四日再浇。兹则直浇以井水，不择河与雨也。

[注释]

　　①移花：播种苗的移栽。

②"中秋为牡丹生日"二句：见王象晋《群芳谱·牡丹》："……或曰，中秋为牡丹生日，移栽必旺。"

③"僧仲林《越中花品》亦称"二句：僧仲林《越中花品》，宋人陈振孙《直斋书录解题》题作《越中牡丹花品》，中有"丙戌岁八月十五日移花日，序"之语。

④规：校正圆形的用具。此处引申为计算全根周围的长短。按，从此句以下到"过三四日再浇"，全是摘引王象晋《群芳谱·牡丹》中的文意，文字略有不同。

⑤又用小麦下于窠底：王象晋《群芳谱·牡丹》原文为"每窠用熟粪土一斗，白蔹末一斤拌匀，再下小麦数十粒于窠底"，是用白蔹末和麦粒混合埋于窠下，诱杀害虫。

⑥然后植固，"然"字前原有一"夫"字，乃衍文，据王象晋《群芳谱·牡丹》改。植固：将植株栽植固定。

⑦不谓然：（不按上述程序栽植）不能称是，即方法不对。

⑧土与干上旧痕平：移植的花根覆土，以根茎交接之处与原栽植旧痕迹平齐为准。

⑨戒少高低：防禁不能太高或太低。戒，警戒，防禁。少，少于。

[译文]

播种苗的移栽。有人说：牡丹的移栽应在秋分之后，如果天气还热，或者遇到阴雨天气，推迟到九月也可。有人说：中秋节那天是牡丹的生日，移栽牡丹生长一定旺盛。僧仲林在他的《越中牡丹花品·序》中也说：八月十五日是"移花日"。现在菏泽花农移栽牡丹，全都在这一天开始。先计算好牡丹全根四周的长短，从宽远处开始挖掘，逐渐挖至根的近处，防禁挖断细根。然后按照旧法，一定把根上旧土洗净，再用酒洗；每窠用熟粪肥土与白蔹末掺拌均匀，混合数十麦粒埋于根下（诱杀害虫），然后把植株栽稳，（不按上述程序）不能说对。再把牡丹窠往上提与地平，使它的主根立直（不能卷曲），用细土把植坑盖满，使覆土与根、干交接处原栽植的旧痕平齐，防禁覆土太高或太低，防禁覆土捣得太实。再依旧法，一定要用河水或雨水浇灌，过三四天再浇一次。此后就可直接用井水浇，不必选择河水、雨水浇灌了。

　　旧法分花①，捡长成大科茂盛者一丛②，或七八枝，或十楼枝，持作一把，摔去土③，细视有根处擘开④。今曹州善分花者，谓当辨老根细根⑤。老根，其本根也，不可擘，擘则伤，腐败随之⑥。唯细根其新生者，附于本根，而后擘之。因就问栽法，如用轻粉⑦、硫黄和黄土擦根上，方植窠内⑧，盖皆不须⑨。

[注释]

　　①分花：分株繁殖。

　　②大科茂盛者：牡丹为丛生状灌木，分株时要选生长茂盛的大棵。科，通"棵"。陈与义《秋雨》诗："菜圃已添三万科。"

　　③摔去土，原作"摔土去"，据《群芳谱·牡丹》改。土：附土。

　　④擘（bò）：剖开，劈开。白居易《秦中吟·轻肥》："果擘洞庭橘。"

　　⑤老根：主根，本根。细根：侧根，新生的根条较细的根。

　　⑥腐败：腐烂，即烂根。

　　⑦轻粉：中药名。由水银与食盐、矾等原料加工制成。性寒、味辛、有毒，外用，治疥疮、顽癣等。

　　⑧窠：原指鸟的巢穴，引申为种植坑。

　　⑨盖皆不须：余鹏年认为旧法繁琐，不需要再用轻粉、硫黄和泥浆擦根消毒等诸多程序。盖，推原或传疑之词。《史记·项羽本纪》："舜目盖重瞳子。"须，需要。《三国志·诸葛亮传》："敛以时服，不须器物。"

[译文]

　　旧时的分株繁殖法，拣生长旺盛成丛的大棵，或七八枝，或十几枝，搦成一把，摔掉附土，仔细察看根茎处，把它分开。今菏泽善于分株的花农说，应当辨别主根和侧根。老根是它的本根，不能剖开，剖则损伤根本，随之就会烂根。只有侧生的新生细根，附生在主根上，而后才可分开它。因就问分株后的栽法，如用轻粉、硫黄与黄土和成泥浆擦到分株的根上，才能栽到种植坑里等诸多手续，都是不必要的。

牡丹根甜，多引虫食，惟白蔹能杀虫。故欧《记》云：种花必择善地，尽去旧土，以细土用白蔹末和之。今不闻有此。岂曹州花根不甜乎？抑少食根虫乎？然则旧法繁重^①，皆难尽信也。又，《群芳谱》引栽种花法：六月中，枝角微开^②，露见黑子，收置，至秋分前后种之。顾按养花之法^③：一本发数朵者，择其小者去之，留一二朵，谓之"打剥"^④。花才落，即剪其枝，不令结子，惧其易老也。花落则剪，子且难结，安所得子而种之^⑤？明袁宏道《张园看花记》云：主人"每见人间花实^⑥，即采而归种之，二年芽始茁^⑦，十五年始花"。特一家言耳^⑧。

[注释]

①然则：这样。繁重：这里为"繁琐"意。

②枝角：指枝间结的蓇葖果，即牡丹的果实。

③顾按养花之法：回顾按过去的养花方法。具体指欧阳修《洛阳牡丹记·风俗记》所记的方法，即余鹏年所引的一段话。

④打剥：对牡丹剪枝、除芽、疏蕾之法。

⑤安所得子而种之：这是余鹏年对欧《记》所说"花落则剪"一段话的质疑。既然花落就剪枝，不让它结子，又从哪里得子播种呢？其实欧《记》是对观赏牡丹的植株而言；倘要留种，就不能剪掉残花。

⑥主人：指张园主人张元善。花实：牡丹花的种子。

⑦茁（zhuó）：植物才生出的样子。

⑧特：仅，只。耳：句末语气词，罢了。

[译文]

牡丹根味甜，多招引害虫啃食，只有白蔹能杀虫。所以欧《记》说：

种牡丹一定要选择最好的土地，除尽旧土，用细土和白蔹末相掺和杀虫。现在未闻有此说。难道菏泽牡丹的根不甜吗？还是菏泽少啃牡丹根的害虫呢？这样看来旧说法繁琐，都难令人完全相信。又，《群芳谱》里所引栽种牡丹法说：六月间，看到枝上结的菁葖果微微裂开，露出黑子，收起放好，到秋分前后播种。再看过去的养花方法：一棵牡丹上开有数朵花的，选择开花小的剪去，只留下一枝开一两朵花的，叫作"打剥"。花刚落，就要剪掉花枝，不让它结子，因为怕消耗养分牡丹易老化。既然花刚落就剪枝，子就难结成，还从哪里得种子播种呢？明朝袁宏道《张园看牡丹记》说：园主人张元善"每当看到别人家牡丹结果，就采集牡丹种子回家来种，第二年开始生出花芽，十五年才开花"。仅为一家之言罢了。

　　欧《记》："浇花亦自有时。九月旬日一浇，十月、十一月三日二日一浇，正月隔日一浇，二月一日一浇。"在《群芳谱》谓：正月一次，二月三次，三月五次，九月三五日一次，十月、十一月一次或二次。且曰："六月暑中忌浇。"王敬美云[①]：人言牡丹性瘦[②]，不喜粪。此殊不然，余圃中亦用粪乃佳。予谓浇花如欧《记》、《群芳谱》又皆不然。书院中旧有牡丹[③]，人言多年不花矣。予于去夏课园丁早暮以水浇之[④]，至十月少止，今春皆作花。固知老圃虽小道[⑤]，亦有调停燥湿[⑥]，"当其可之谓时"也[⑦]。

[注释]

　　①王敬美：王世懋，字敬美，太仓（今属江苏）人，明代文学家王世贞弟。嘉靖进士，官至太常少卿。有《三郡图说》、《艺圃撷余》、《学圃杂疏》等。

　　②"人言牡丹性瘦"数语：见王氏《学圃杂疏·花疏》："人言牡丹性瘦不喜粪，又言夏时宜频浇水，亦殊不然。余圃中亦用粪乃佳。又中州土燥，故宜浇水，吾地湿，安可频浇？大都此物宜于沙土耳。"瘦：瘠薄，不肥沃。叶适《戴肖望挽词二首》："田瘦合归犁。"

③书院：指余鹏年任讲席的曹州重华书院。

④去夏：余《谱·自序》作于乾隆五十七年（1792），"去夏"为乾隆五十六年（1791）夏。课：督促。按，此句是针对欧《记》不言夏天浇水和《群芳谱》"六月暑中忌浇"而言，说他们的说法"皆不然"。

⑤固知：本来知道。老圃：种植园艺的人。《论语·子路》："吾不如老圃。"此指书院的"园丁"。小道：儒家称礼乐政教以外的学说、技艺。《论语·子张》："虽小道，必有可观焉。"朱熹注："小道，如农圃医卜之属。"

⑥调停燥湿：合理安排在燥湿不同情况下，如何浇水和管理花事。调停，安排，治理。

⑦当其可之谓时：为《礼记·学记》中语，意谓对青年要及时进行教育。这里借指"调停燥湿"花事。

[译文]

欧阳修《洛阳牡丹记》说："浇牡丹也自有一定时间。九月十天浇一次，十月、十一月三天两天浇一次，正月隔天浇一次，到二月就得一天一浇。"《群芳谱》里说：正月浇一次，二月浇三次，三月浇五次，九月三五天就得浇一次，十月、十一月，每月浇一次或两次。并且说："六月暑热天气里忌讳浇水。（恐损伤根须）"王世懋说：人们说牡丹喜种在瘠薄土地，不喜欢粪肥。此说法不对，我的花园中牡丹用粪肥长得很好。我以为浇牡丹如欧《记》和《群芳谱》所说，都是错误的。重华书院旧有牡丹，人们说多年不开花了。去年夏天我督促花工每天早晚都用水浇，到十月间才稍停，今年春天牡丹都开花了。本知种植园艺的花工所做的虽是小技，也有按地情燥湿不同合理安排花事的功夫，真如《礼记·学记》中说的"当其可之谓时"一样啊！

曹州园户种花如种黍粟，动以顷计。东郭二十里，盖连畦接畛也①。看花之局②，在三月杪。顾地多风③，花开必有飙风④。欲求张饮帟幕，车马歌吹相属⑤，多有轻云微雨如泽国⑥。此月盖所不能，此大恨事！园户曾不解惜花，间作棚屋者无有⑦，花无论宜阴宜阳，皆暴露于飙风烈日之前，虽弄花一年，而看花乃无五日也⑧。昔李廌游洛阳园⑨，才过花时，复为破垣遗灶相望，可胜慨乎！

[注释]

①连畦（qí）接畛（zhěn）：畦连畦，片接片。畦，田园中用土埂分界所形成的小区。畛，田间小路。

②看花之局：赏花之期，相当于今之"花会"。仲休《越中牡丹花品·序》："赏花者不问亲疏，谓之看花局。"

③顾地：而此地（曹州）。顾，副词，表示轻微的转折，有"而"、"不过"的意思。

④飙（biāo）风：暴风。

⑤"欲求张饮帟幕"二句：希望有设置帐幕宴饮，帐篷车马相连，歌声乐器吹奏声不断的热闹场面。欧《记》记洛阳花时："并张幄帟，笙歌之声相闻。"陆《谱》记彭州花时："张饮帟幕，车马歌吹相属。"

⑥轻云微雨：陆《谱》称彭州："最喜阴晴相半时，谓之养花天。"仲休《越中牡丹花品·序》称越中："此月多有轻云微雨，谓之养花天。"泽国：多水的地方。此指像越中那样多云雨的南国天气。

⑦间作棚屋者无有，疑此句前夺一"花"字。"间"应为"花间"。

⑧"虽弄花一年"二句：陆《谱》有："其俗有'弄花一年，看花十日'之语。"弄花，即养花。

⑨李廌（zhì）（1059—1109），新曹谱本"廌"作"豸"。"廌"通"豸"。李廌：字方叔，华州（治今陕西华县）人，北宋文学家，得苏轼赏识，为"苏门六君子"之一。有《济南集》，已佚。另有《德隅斋画品》、《师友谈记》传世，他在《洛阳花园记》写道："至花时，张幕幄，列市肆，管弦其中。城中士女，绝烟火游之。过花时则复为丘墟，破垣遗灶相望矣。"按，李廌《洛阳花园记》这段文字与李格非《洛阳名园记》中的《天王院花园子》文字几乎全同，作者属谁？志疑于此。

[译文]

　　菏泽种牡丹的花户，种牡丹就像种庄稼一样，往往用百亩来计数。城东二十里，乃畦连畦，片接片，如花海般。赏花的花会在三月末。不过此地多风，花时总有暴风。希望出现设置帐幕宴饮，帐篷车马相连，歌声乐器吹奏声不断的热闹场面，和多有轻云微雨的南国天气。（菏泽的）三月不会有，这是最大恨事。花户竟不知道爱惜花，花间没有搭建棚屋遮盖，不论适宜阴凉还是温阳的花，统统都暴露于暴风烈日之下，虽养花一年而赏花仅仅五天呀。如李鹰昔日游洛阳时所写的，过了花时就成满眼残墙废灶一片，实在令人感慨不已啊！

　　《帝京景物略》①：右安门外草桥，土近泉，居人以种花为业。冬则温火暄之，十月中即有牡丹花②。今曹州花，可以火烘开者三种，曰"胡氏红"、曰"何白"、曰"紫衣冠群"。放翁天彭《风俗记》云：花户多植花以谋利，岁尝以花饷诸台及旁郡，蜡蒂筠篮，旁午于道。曹州自移花日后③，旁午于道者，盖亦载花车班班云④。

[注释]

　　①《帝京景物略》：明地方志，八卷。刘侗、于奕正合著。记北京园林寺观、名胜古迹、山川桥堤、草木虫鱼等。原刻于明代，又有清纪昀刻本。

　　②冬，新曹谱本作"各"。"右安门外草桥"五句：原书记为："右安门外草桥，其北土近泉，居人以种花为业。各（冬）则温火暄之，十月中旬牡丹已进御矣。"暄：温暖。按，"温火暄之"即温室催花，俗称"熏花"，我国已有千年历史。《帝京景物略》是继宋《西湖游览志余》、明《五杂组》之后再次记载古时催花技术。它是利用温室内人工升温的方法，打破花芽休眠期，促使花芽在北方寒冷的冬季萌动、生长，提前开花。

　　③移花日：即八月十五日。见本《谱》附记第二则注②和③。

　　④班班：车声。杜甫《忆昔》诗："齐纨鲁缟车班班。"

[译文]

《帝京景物略》说：北京右安门外草桥，它的北边地近泉水，当地居民都以种植牡丹为业。冬天在温室里用火烘暖牡丹花芽，到十月间就催牡丹开花了。现在菏泽牡丹，可以用火烘暖催促提前开花的有三种，分别叫胡氏红、何白和紫衣冠群。陆游《天彭牡丹谱·风俗记》：（彭州）花农们以多植牡丹卖花谋利，（州官）每年常以牡丹馈赠各同僚及邻州的州官。用蜡封住花蒂放在竹篮里，纷繁不停地奔走于道路上。菏泽从八月十五日后，车辆也纷繁不停地奔走于道路上，那是载着分株的牡丹送人的隆隆车声啊。

[点评]

菏泽（曹州）是我国栽培牡丹的重镇之一。"曹州水土相宜"，种植牡丹历史悠久。明代牡丹极胜于亳州，明人薛凤翔著《亳州牡丹史》，就明确指出亳州牡丹著名品种里有"金玉交辉"等九个品种都来源于曹州。明代文学家谢肇淛所撰笔记《五杂组》，曾描绘他亲眼看到的曹州牡丹的盛况："余过濮州曹南一路，百里之中，香气迎鼻，盖家家圃畦中俱植之，若疏菜然。"还在曹南一生员家的花园里看到："园可五十余亩，花遍其中，亭榭之外，几无尺寸隙地，一望云锦，五色夺目。……夜复皓月，照耀如同白昼，欢呼谑浪，达旦始归。衣上余香，经数日犹不散也。"由此可见明代曹州牡丹繁华之一斑。但明代无人给曹州牡丹志谱。到清代，牡丹栽培中心已由亳州北移曹州。康熙七年（1668），曹州儒学学正苏毓眉，遍游曹州名园，"虽屡遭兵燹，花木凋残，不及往时之繁，然而新花异种，竞秀争芳，不止于姚黄、魏紫而已也。多至一二千株，少至数百株，即古之长安、洛阳恐未过也"。他率先撰《曹南牡丹谱》，列牡丹花目及其色态，可惜其《谱》已佚。幸乾隆时人姚元之见过苏《谱》抄本，并在他所著《竹叶亭杂记》中摘录有关内容，可以视为苏《谱》的提纲。他赞扬苏《谱》"可与鄞江周氏《洛阳牡丹记》、薛凤翔《亳州牡丹记》并称"。《谱》后姚氏加有一段话，也可看成是苏《谱》的《后记》。今天所知道的苏毓眉《曹南牡丹谱》，仅此而已。

清　恽寿平　《国香春霁》　立轴　绢本　设色

纵 129 厘米　横 44 厘米　南京博物院藏

乾隆时著名文学家、内阁学士翁方纲是位牡丹爱好者，有感于曹州牡丹兴盛而无谱的现实，在他以山东学政的身份到曹州督考时，就直接点名并督促曹州重华书院讲席余鹏年为曹州牡丹作谱。余鹏年是位饱学的举人，他对牡丹本无精深的研究，也无意为曹州牡丹修谱立传，但机遇很重要，他得天时、地利、人和之便，从乾隆五十七年（1792）二月末受命，到四月上旬短短40多天时间，就"率成此谱"，遂成为我国牡丹文化史上的一位名人。所谓"天时"，是受到朝廷大臣、他的上司和师长翁方纲的赏识，委派他为曹州牡丹作谱，给他提供施展才华的机会；所谓"地利"，是曹州有栽培牡丹的悠久历史和牡丹文化的深厚积淀，又时值曹州牡丹发展最快时期，名园林立，花户众多，而他任职的重华书院是曹州最高学府，文献典籍、牡丹资料齐备，这为他撰谱提供了物质基础和方便条件；所谓"人和"，上得朝廷命官翁方纲的信任，下得菏泽父母官安奎文的支持，又有"弟子之知花事、园丁之老于栽花者"的协助，人才济济。加上他领导得力，方法得当，组成"三结合"的写作班子，"偕之游诸圃"，实地调研、访问、耳听、目验、"勘视而笔记之"，对曹州牡丹品种，了然于胸，掌握大量第一手材料，尔后"归而质以前贤之传述"，作案头研究，溯源、稽流、对比、验证、考其异同、记其变化、形诸文字。凭借集体的努力，才在没有现代化的交通工具和书写条件下，迅速完成任务。余氏的《曹州牡丹谱》虽是"急就章"，但却是高质量，不辱老师使命的。

　　余《谱》全面详尽地记述了当时曹州56种著名牡丹的得名、渊源与性状，为后人留下了一份具有鲁地特色的牡丹文献。如对俗称"鲁府黄"的牡丹，他详考明朝分封曹地诸王的历史，最后基本弄清了明朝虽未分封"鲁王"却有称"鲁府黄"的原因。"黄绒铺锦"虽源自亳州，但"质以前贤之传述"，他发现这一品种当是几百年前已出现过的名品的再现，提出"殆张《记》所谓缕金黄者"的论断。对于曹州牡丹中的传统品种，他善于辨别出不同于旧谱的地方，突出了曹州品种的独有特色。如传统名品"一百五"，先贤诸谱如欧《记》、周《记》、薛《史》都有记述，其基本性状如多叶、花大、易开、最早等大致相同，但诸谱皆云"白花"，曹州"一百五"则为"粉色"，余《谱》不用诸谱质直的"一百五"旧名，而易以"独占先春"的雅称，既突出了它"易开，最早"的特点，又生动形象。再如"状元红"，在陆《谱》中它艳压群芳，"高出众花之上"，最受彭州人的喜爱，被尊称"状元红"。而曹州的"状元红"有紫檀心，早在明弘治年间就传到亳州，但已失去彭州"第一架"地位，只位列普通"具品"之中。余《谱》指出："昔人名之曰'曹州状元红'，以别于洛中之'状元红'也。"又如"娇红楼台"，对比薛《史》，它"胎、茎似'王家红'，体似'花红绣球'，色似'宫袍红'"，而且"有浅、深二种"，这就是独具特色的"曹州娇红楼台"。

余《谱》还记载了当时曹州牡丹的繁荣景象、栽培经验和不足之处。他在《附记七则》里写道："曹州园户种花如种黍粟，动以顷计。东郭二十里，盖连畦接畛也。"曹州人同样有赏花的习俗，如今日花会一样的"看花之局"，时间"在三月杪"。遗憾的是曹州缺少牡丹"最喜阴晴相半"的"养花天"，三月末"多风"，甚至是"飙风"。也缺少洛阳、彭州等地花时"并张饮帟幕，车马歌吹相属"的热闹场面。特别是曹州"园户曾不解惜花，（花）间作棚屋者无有，花无论宜阴宜阳，皆暴露于飙风烈日之前"，余氏不禁感叹"此大恨事！"

余《谱》附记，对先贤谱记及其他牡丹典籍中栽接剔治的"弄花"经验多有采录，但能因地制宜，根据曹州的具体情况有所取舍。如牡丹分株栽植时，曹州有经验的花户善分辨老根细根，只要按规程认真操作，不必"用轻粉、硫黄和黄土"再一一擦到每棵分株的根上。再如欧《记》说牡丹根甜，多引虫食，应尽去旧土，以细土用白蔹末和之杀虫，曹州就不闻用此法，"岂曹州花根不甜乎？抑少食根虫乎？"又如旧谱多谓夏月暑中忌浇花，余《谱》就不以为然。他以自己督促园丁从夏天开始到十月止，"早暮以水浇"书院中的牡丹，使多年不开花的牡丹重新绽蕊为例，证明旧谱浇水的经验并不可信。余《谱》还记载北京花农，冬天在温室用火烘暖牡丹花芽，催牡丹提前开花的经验，但这种"催花"技术并非适用所有品种，当时曹州只有三个品种适用此法。

余鹏年的《曹州牡丹谱》得到翁方纲的首肯与好评，这位大书法家于乾隆五十八年（1793）四月挥毫写就《题曹州牡丹谱三首》，我们今天还有幸能看到翁氏的这件墨宝。

其一

玉璱如结黍苗阴，壤物深关树艺心。

何事思公楼下客，花评不向土圭寻。

意谓牡丹像仙境中的神花（玉璱），在曹州田亩间（黍苗阴）绽放，被称作"洛阳花"的牡丹（思公楼下客），如今在"天地之中"的洛阳已寻觅不到（不向土圭寻），鹏年只能给曹州牡丹撰谱作评了。

其二

细楷凭谁续洛阳，影园空自写姚黄。

挑灯为尔添诗话，西蜀陈州陆与张。

称颂余鹏年赓续欧公《洛阳牡丹记》而作《曹州牡丹谱》，赞扬余《谱》堪与西蜀陆《谱》、陈州张《记》比肩，鼎足而三，平添一段牡丹诗话。

其三

我来偏不值花时，省却衙斋补谢诗。

乞得东州栽接法，根深培护到繁枝。

感叹自己来曹州不逢花时，未能观赏到曹州盛开的牡丹，引为憾事；但也省却像谢灵运那样为牡丹补写诗话。好在余《谱》中载有鲁地栽接牡丹之法，可以"乞得"在自家花园里，培养出茂花繁枝的牡丹来。

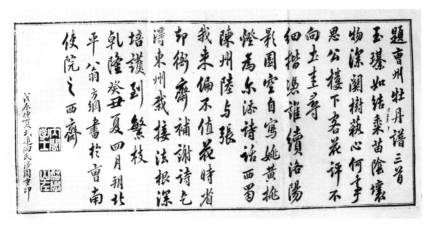

翁方纲《题曹州牡丹谱三首》石印手迹，原载《曹州牡丹谱》民国年间武进陶氏《喜咏轩丛书甲编》印本。今据《新编曹州牡丹谱》转录

附录一：说"魏紫"

牡丹花中，与"姚黄"并称的"魏紫"，在宋人诗词中屡见不鲜，但作为牡丹中的紫花品种"魏紫"，却是在清人余鹏年的《曹州牡丹谱》中才出现，从而引出一段牡丹史话，这里值得一谈。宋人钱惟演提出牡丹中的"花王、花后"说，此"说"是由欧阳修在《洛阳牡丹记》中公布的："钱思公尝曰：'人谓牡丹花王，今姚黄直可为王，而魏花乃后也。'"钱思公所说的花后"魏花"又称"魏红"、"魏家红"，为千叶肉红花。其形态如何，欧阳修《洛阳牡丹记》只说"人有数其叶者，云至七百叶"。但在周师厚《洛阳花木记·叙牡丹》里有详细描述："魏花，千叶肉红花也。本出晋相（按：应为"后周相"）魏仁溥园中，今流传特盛，然叶最繁密，人有数之者，至七百余叶，面大如盘。中堆积碎叶突起圆整，如覆钟状。开头可八九寸许，其花端丽，精美莹洁异于众花。"如此美丽的魏花足可匹配花王姚黄而称花后。钱思公的"花王、花后"说，得到洛阳人的认可，周《记》说："洛人谓姚黄为王，魏花为后，诚善评也。"可是后来宋人诗词中却把"花后"的桂冠戴到魏紫的头上，如李新《打剥绿牡丹》诗："姚黄魏紫各王后，肯许阗冗相追随。"这是怎么回事呢？"魏花"和"魏紫"从花色到花容是各不相同的两个品种，究其原因，除宋人丘濬（字道源）在其《牡丹荣辱志》一书里曾提出过"姚黄为王"、"魏紫为妃"的话外，也可能与人们对欧阳修诗句的理解有关。

先说丘濬《牡丹荣辱志》，《四库全书总目提要》子部小说家类存目二："《牡丹荣辱志》一卷，旧本题宋丘璿撰。……此书亦品题牡丹，以姚黄为王、魏紫为妃，而以诸花各分等级役属之，又一一详其宜忌。其体略如李商隐《杂纂》，非论花品，亦非种植。入之'农家'

为不伦，今附之'小说家'焉。"它既不是牡丹谱，也不是农家书，只是小说家言，无根无据，信口杜撰，不可凭信。

再说欧阳修诗，宋仁宗景祐四年（1037），即欧《记》问世后三年，欧阳修在峡州夷陵（今湖北宜昌西北）贬所写了一首七律《县舍不种花唯栽楠木冬青茶竹之类因戏书七言四韵》：

> 结绶当年仕两京，自怜年少体犹轻。
> 伊川洛浦寻芳遍，魏紫姚黄照眼明。
> 客思病来生白发，山城春至少红英。
> 芳丛密叶聊须种，犹得萧萧听雨声。

欧公在此诗中把魏紫、姚黄并提（按：明道二年，他在《绿竹堂独饮》长诗中，也有"姚黄魏紫开次第，不觉成恨俱零雕"句），但这里的"魏紫"乃"魏花"（魏红）的借代，只是出于对仗和平仄格律修辞的需要才把"魏花"换作"魏紫"的。"伊川洛浦"（平平仄仄）与"魏紫姚黄"（仄仄平平），对仗工整，完全合律。若直用"魏花姚黄"（仄平平平）就出现拗句，失黏失对，不符合律诗一句之内平仄相间，一联之中平仄相对，两联之间平仄相黏的规则。在此后的诗词中，姚黄、魏紫并提已"常态化"皆基于此。假若这里的"魏紫"是指新品紫红花牡丹，岂不是和钱思公"魏花为后"相矛盾而另立"新后"吗？更何况新品种"魏紫"当时还没有产生，哪来子虚乌有的"魏紫"为后呢？不然的话，他的《洛阳牡丹记》里为何没有"魏紫"呢？欧阳修在庆历二年（1042）写的《洛阳牡丹图》诗里已明白无误地说："魏红窈窕姚黄妃。"这里的"妃"即"后"，用"妃"是为了押韵。意思是"美丽的魏红（魏花）是花王姚黄的花后"。从未见欧阳修说过"魏紫"为姚黄"后"的话。"魏紫"是"魏花"的实生后代，它是在欧阳修去世以后才出现的新品种，当时还不叫"魏紫"而称"都胜"。对此，周师厚在《洛阳花木记》里有说明："近年又有胜魏、都胜二品出焉，胜魏似魏花而微深，都胜似魏花而差大，叶微带紫红色。意其种皆魏花之所变欤？岂寓于红花本者，其子变而为胜魏，寓于紫花本者，其子变而为都胜耶？"直到清代余鹏年《曹州牡丹谱》，开紫红花的"魏紫"才出现。余《谱》云："魏紫，紫胎，肥茎，枝上叶深绿而大，花紫红。乃周《记》所载'都胜'。《记》曰：岂魏花'寓于紫花本者，其子变而为都胜耶'？"余鹏年唯恐人们把这里的"魏紫"误解为习称的"花后"，在他的《谱》里特加说明："盖钱思公称为花之后者，千叶肉红，略有粉梢，则魏花非紫花也。"

欧阳修在诗中最早提出"魏紫"之名，并把"姚黄"、"魏紫"并列，完全是文学语言，而非花谱学用语，后人失察竟错误地直接把花谱原典中的"魏花"改称"魏紫"，责任不在欧公，如薛凤翔《亳州牡丹史·本纪》："宋钱思公云：'唐人谓牡丹为花王，姚黄真其王，魏紫乃其后。'"《郭氏见闻录》："'魏紫'出五代魏仁浦枢密园池中岛上。"当代出版的《辞海》释"姚黄魏紫"条云："姚黄为千叶黄花，出于姚氏民家；魏紫为千叶肉红花，出于魏仁溥家。"《辞源》则直说："魏紫又称魏红。"以讹传讹，陈陈相因，殊不知在品种学上"魏紫"和"魏红"是两个不同品种，这是不争的事实。

附录二：关于《冀王宫花品》

《冀王宫花品》，首见南宋人陈振孙《直斋书录解题》："题景祐元年，沧州观察使记。以五十种分为三等九品，而潜溪绯、平头紫居正一品，姚黄反居其次，不可晓也。"《宋史·艺文志》、《文献通考·经籍考》并有著录。明人薛凤翔《亳州牡丹史》卷之三《花考》引《复斋录》亦云："《冀王宫花品》以五十种分为三等九品，潜溪绯、平头紫居正一品，姚黄居其下。景祐元年观察使记。"《冀王宫花品》一书，据所录一段文字看，是宋初很重要的一部花谱，前人谓"不可晓也"。现据有关文献资料试作考证如下：

薛凤翔《亳州牡丹史·花考》所引《复斋录》，全称《复斋漫录》，即南宋人吴曾的《能改斋漫录》。吴曾博洽多闻，曾见及后世失传的多种文献，因此他所辑录的《能改斋漫录》，为后世的文史考订工作提供了宝贵的资料，向为学者所乐于引述。

《能改斋漫录》编成于宋高宗绍兴二十四至二十七年（1154—1157）间，但刊版不久，因私怨遭人攻讦，于孝宗隆兴初年（1163）即遭禁毁。到宋光宗绍熙元年（1190），京镗重刊其书于成都书斋，但已为删存之本。《能改斋漫录》原版二十卷，到京氏重刊本已成十八卷，最后二卷被删。

所谓《复斋漫录》当是《能改斋漫录》毁版之后重刊的传本，用"复斋"之名是为避人耳目。薛《史》所引《冀王宫花品》这段史料，今本《能改斋漫录》不载。盖明时薛凤翔所见京氏重刊《复斋漫录》中有这段文字，而今本《能改斋漫录》已非京氏重刊本之旧，故不见此条。

冀王，据《宋史》卷二四五《商恭靖王元份传》及王称《东都事略·元份传》载：为宋太宗赵炅四子，真宗赵恒之弟，商恭靖王元份。初名德严，太平兴国八年（983）出阁，改名元俊，拜同平章事，封冀王。雍熙三年（986）改名元份加兼侍中。淳化中，兼领建宁军改镇宁海。真宗即位，加中书令，徙永兴、凤翔，改王雍。真宗北征，为东京留守。薨后赠太师、尚书令、郓王，改陈王又改润王。

《冀王宫花品》，当是根据冀王元份宫苑里的牡丹品种撰写的，不详撰者是谁。冀王是太宗、真宗两朝重臣（宰相），只活了37岁。其妻李氏，悍妒残酷。宋太宗驾崩，竟称疾不赴禁中；冀王薨，她无戚容而有谤上之语。真宗虽不究其罪，但削其国封置之别所。冀王宫苑已风光不再。据此推知，《冀王宫花品》一书，应是赵元份在太宗朝封冀王之后，并于太宗、真宗两朝任相，其势如日中天，冀王宫苑花木最繁华时期写成的。

再说沧州观察使。观察使在唐朝后期为一道行政长官。宋承唐制，置诸州观察使，但无职掌。从大中祥符七年（1014）三月，观察使兼本州刺史。此"沧州观察使"当为张纶。据《宋史》卷四二六《张纶传》、《东都事略·张纶传》、《范文正公集》卷十一《宋故乾州刺史张公神道碑》：张纶字公信（《神道碑》称：字昌言），颍州汝阴人。举进士不中，补三班奉职，迁右班殿直。以功迁右侍禁，庆州兵马监押，擢阁门祗候，益、彭、简等州都巡检使……后历知泰、沧、瀛州，拜乾州刺史，再知沧州，徙颍州，卒年七十五。张纶曾两知沧州，范仲淹为他撰《神道碑》，是北宋初一位重要官员。

《复斋漫录》载沧州观察使于景祐元年（1034）所"记"的那条史料很重要。因仁宗景祐元年正是欧阳修《洛阳牡丹记》成书之年，张纶能在第一时间看到欧《记》并和《冀王宫花品》进行对比（按：沧州与冀州邻近，同属北宋"河北路"），尽管我们已无法见到无名氏所撰《冀王宫花品》的全"豹"，但凭张纶所"记"《花品》的一"斑"，足可获得以下信息：

一、无名氏《冀王宫花品》成书早于欧阳修《洛阳牡丹记》，应是《越中牡丹花品》之后我国北方出现最早的牡丹谱。

二、北宋时全国牡丹栽培中心在洛阳，但赵元份凭冀王之尊、御弟之贵、宰相之重，在全国罗致牡丹珍品，特别是中原地区洛阳的名贵牡丹，冀王宫苑一时俨然成了"牡丹王国"，名品荟萃，《花品》所载名品超过欧《记》名品一倍以上。

三、《冀王宫花品》与欧《记》记述方法不同。《冀王宫花品》记花分等论品；欧《记》记花，按花色、叶数分类。

四、中原人和北方人对牡丹的审美情趣有别。如洛阳人视为极品、尊为"花王"的姚黄，在《冀王宫花品》里却位居正一品的潜溪绯、平头紫之下。

无名氏《冀王宫花品》记载的虽是一时一苑牡丹之盛，只是昙花一现，冀王宫的繁华随着短命的冀王的逝去而不再，记其宫花的《冀王宫花品》也佚而不闻，但史有著录，靠"沧州观察使"的记佚，使后人知道河北冀王宫里的牡丹，曾有过历史存在和短暂辉煌。这对研究我国牡丹发展史和牡丹谱牒史，都有重要意义。

后　记

　　洛阳是牡丹之都，素有"洛阳牡丹甲天下"之誉。洛阳人爱花成习，从古至今，相沿不移。我是洛阳人，对家乡的名花牡丹怀有特殊感情。十多年前，在举国评选国花的热潮中，我编著了一本《国色天香》小书，承蒙中国工程院资深院士，中国园艺学会副会长，北京林业大学教授、博导，中国牡丹芍药协会原会长，著名园林花卉专家陈俊愉先生赐序，给我很大鼓舞，激励我更加关注牡丹文化研究。

　　牡丹是中华民族公认的吉祥物，它承载着五千年泱泱文化大国的历史情结。历史上我国曾涌现大量咏赞牡丹的文艺作品，从宋代开始又出现一批研究牡丹的专著，为我国牡丹文化学发展作出重要贡献，是我国丰厚的历史文化遗产的组成部分。

　　如今，中州古籍出版社策划编纂"博雅经典"，《牡丹谱》作为"博雅经典"书目的一种名列其中。当出版社向我约稿时，我欣然应命，觉得这是一次学习、研究牡丹文化的好机会。自我国评选国花以来，牡丹产业文化发展很快，牡丹文化学今已成为显学，有关牡丹文化的著述时有出版。当我搜集资料，梳理自宋以来有关牡丹的谱录并对其中几种有代表性的牡丹谱进行校勘、注译时，发现过去在牡丹谱研究中存在一些问题：如历史上某些与牡丹有关的名人，因史书无传，对其生平介绍或暂付阙如（如张邦基），或介绍所述有误（如说周师厚"常从帝出游"云云）；如说周师厚先著《洛阳牡丹记》又另著《洛阳花木记》，张邦基既著《陈州牡丹记》卷又著《墨庄漫录》十卷，其实前者都是从后书中摘录出来的，题目也是后人所加，几百年来被辗转出版；如被称作《陈州牡丹记》的后面那段文字，不是张邦基《记》中的话，而是后人连类而及把苏轼《玉盘盂》诗前小引中的话，缀于张邦基文章之后；如周师厚撰《洛阳花木记》时主要参考书之一《范尚书牡丹谱》，此"范尚书"究系何人，前人也很少论及；如宋代已有著录而今已失传的《冀王宫花品》是怎样一部花谱，未见有人研究；再如与大名鼎鼎的"姚黄"并列的"魏紫"，它们几乎成了洛阳名贵牡丹的代名词，自宋以来广为流传，耳熟能详，但人们对"魏紫"却存在很大误解，把钱思公提出的牡丹中"姚黄为王，魏花为后"误作"姚黄为王，魏紫为后"，认为"魏紫又称魏红"，连当今出版的权威辞书都如是说。"魏紫"（紫红花）和"魏花"（又称"魏红"，肉红花），是花色不同的两个品种，欧阳修时代还没有"魏紫"这一品种，何来"魏紫"为"后"呢？精于花木学并撰《洛阳牡丹记》的欧阳修从未说过"姚黄为王，魏紫为后"的话。魏紫是魏花（魏红）的实生后代，在欧阳修之后的周师厚《洛阳花木记》里才出现，当时还不叫"魏紫"而叫"都胜"。品种学上的"魏紫"，直到清代余鹏年的《曹州牡丹谱》里才有。广为流传的"姚黄为王，魏紫为后"实受丘濬小说家言影响和对欧阳修诗歌语言的误解，责任不在欧公。作者在整理校注牡丹谱时发现上述一些问题，不揣固陋，一一作了考辨，都是一得之见，不敢必是，只想抛砖引玉，提出来供讨论。由于学识所限，本书在其他方面的疏漏错误也在所难免，希望得到牡丹文化学的专家、学者和广大读者的批评指正。

在本书编选校注过程中，河南省社会科学院研究馆员丁巍，把多部花谱的不同刻本和排印本复印出来供我校勘，帮助我购买花谱图书，查询相关资料，遇到疑难和研究中偶有所得时，共同切磋研究，初稿写出后他第一个审读并提出修改意见，我们的密切合作使校注工作得以顺利进行。他还是本书图片资料的主要提供者。有关牡丹生物学方面的知识，我曾多次向河南省花卉学会牡丹芍药分会秘书长、洛阳市国家牡丹园高级农艺师刘改秀副主任请教，她不仅为我解疑答难，还为我拍摄多种著名品种牡丹的花照。我的友人、著名摄影家、《中国牡丹大观》总编、中国图片社洛阳分社郭继明社长，为我提供牡丹图书和本书的许多牡丹摄影图片。河南大学文学院唐诗、苏学研究家邹同庆教授，河南农业大学图书馆老馆长远文遂教授，为我提供学术信息，并在查询资料等方面给我无私帮助。同时得到中州古籍出版社前、后任领导王关林、郭孟良、张存威，本书责任编辑梁瑞霞，美编曾晶晶的大力支持，在此一并表示谢意。

河南财经政法大学　王宗堂